TÉLÉPHONIE
PRATIQUE

PAR

L. MONTILLOT, ✳,

INSPECTEUR DES POSTES ET DES TÉLÉGRAPHES

DEUXIÈME SUPPLÉMENT

AVEC 50 FIGURES DANS LE TEXTE

TABLEAU TÉLÉPHONIQUE MULTIPLE POUR 6000 ABONNÉS

INSTALLÉ A PARIS

à l'Hôtel des Téléphones, rue Gutenberg.

PARIS

A. GRELOT, ÉDITEUR DE L'ENCYCLOPÉDIE ÉLECTRIQUE

18, RUE DES FOSSÉS-SAINT-JACQUES, 18

1895

TÉLÉPHONIE

PRATIQUE

DEUXIÈME SUPPLÉMENT

TABLEAU TÉLÉPHONIQUE MULTIPLE POUR 6000 ABONNÉS

INSTALLÉ A PARIS

à l'Hôtel des Téléphones, rue Gutenberg.

ENCYCLOPÉDIE ÉLECTRIQUE

TÉLÉPHONIE
PRATIQUE

PAR

L. MONTILLOT, ✳.○

INSPECTEUR DES POSTES ET DES TÉLÉGRAPHES

DEUXIÈME SUPPLÉMENT

AVEC 50 FIGURES DANS LE TEXTE

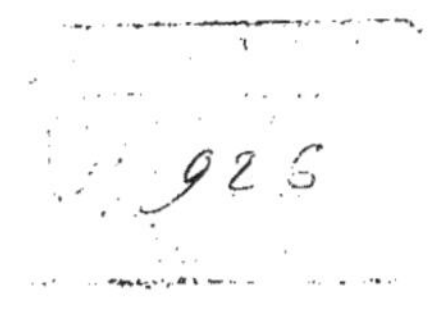

PARIS
A. GRELOT, ÉDITEUR DE L'ENCYCLOPÉDIE ÉLECTRIQUE
18, RUE DES FOSSÉS-SAINT-JACQUES, 18
1895

TÉLÉPHONIE PRATIQUE

2ᵉ SUPPLÉMENT

TABLEAU TÉLÉPHONIQUE MULTIPLE POUR 6000 ABONNÉS

INSTALLÉ A PARIS

à l'Hôtel des Téléphones, rue Gutenberg.

L'hôtel des Téléphones. — De l'aveu de personnes autorisées, ayant visité la plupart des installations téléphoniques de l'Europe et de l'Amérique, les salles de l'hôtel des Téléphones de Paris sont les plus belles qui existent au monde. Elles mesurent 60 mètres en longueur et 12 en largeur; leur hauteur de plafond est d'au moins 5 mètres. Chacune d'elles a la forme d'un rectangle allongé, terminé à ses deux bouts par des demi-cercles. De vastes baies distribuent la lumière.

Dans le sous-sol, les trois foyers d'un grand calorifère fournissent la chaleur à tous les étages. Au-dessus des chambres de chauffe, un ventilateur puissant répartit dans la tuyauterie une forte colonne d'air comprimé, provenant de la distribution de la compagnie Popp. C'est cette colonne d'air qui répand une douce chaleur dans les différentes salles. L'été, au contraire, lorsque le calorifère reste inactif, le même ventilateur sert à l'aération de l'immeuble, et maintient la fraîcheur si nécessaire au nombreux personnel groupé autour des appareils.

Un large escalier donne accès, par chacune des ailes, aux trois étages qui composent l'édifice, et jusque dans les com-

1

bles. Entre les deux ailes et le corps principal du bâtiment, règne une courette, aménagée en jardinet, garnie de fleurs et de plantes grimpantes.

Le rez-de-chaussée sert de remise aux fourgons des Postes.

L'architecte, M. Boussard, n'a rien négligé pour assurer le bien-être du personnel.

Le vestiaire se trouve au premier étage.

Des lavabos et des cabinets d'aisances sont installés à tous les étages; enfin, dans chacune des grandes salles d'appareils, deux fontaines en marbre blanc fournissent de l'eau filtrée, toujours fraiche.

Eclairage électrique. — L'éclairage électrique, prévu pour tout l'hôtel, ne fonctionne actuellement que dans les salles occupées; il comprend des régulateurs à arc et des lampes à incandescence.

Le courant est fourni par l'usine des Halles; la consommation est réglée au compteur.

La canalisation a été établie en vue d'un éclairage alimenté par un courant à 110 volts; elle comporte deux circuits : l'un est affecté exclusivement aux lampes à arc, l'autre aux lampes à incandescence.

Les deux circuits principaux ont été calculés de façon à alimenter 34 lampes à arc et 420 lampes à incandescence, correspondant à l'éclairage de tout l'hôtel; pour le moment, 24 lampes à arc et 250 lampes à incandescence seulement sont mises en service.

Les lampes à arc sont du type Postel-Vinay, de 8 ampères; elles sont montées par deux en tension. Les lampes à incandescence sont de 16 bougies; elles sont réparties sur deux circuits secondaires distincts, de façon à éviter une extinction totale en cas d'accident; ces lampes sont, en effet, en partie destinées à éclairer les tables du multiple et, comme les deux circuits vont en alternant de lampe en lampe, un accident sur l'un d'eux n'entraine pas l'arrêt complet du service.

Le schéma de l'installation générale est représenté par la figure 1. On y voit le tableau général, placé près des compteurs, au rez-de-chaussée, du côté de la rue Jean-Jacques-Rousseau. Deux autres tableaux A et B sont également situés au rez-de-chaussée, l'un du côté de la rue Jean-Jacques-Rousseau, l'autre du côté de la rue du Louvre. Un tableau de distribution est installé au point de raccordement de la colonne montante avec chaque groupe de circuits secondaires. Tels sont les tableaux C et D du premier et du deuxième étage.

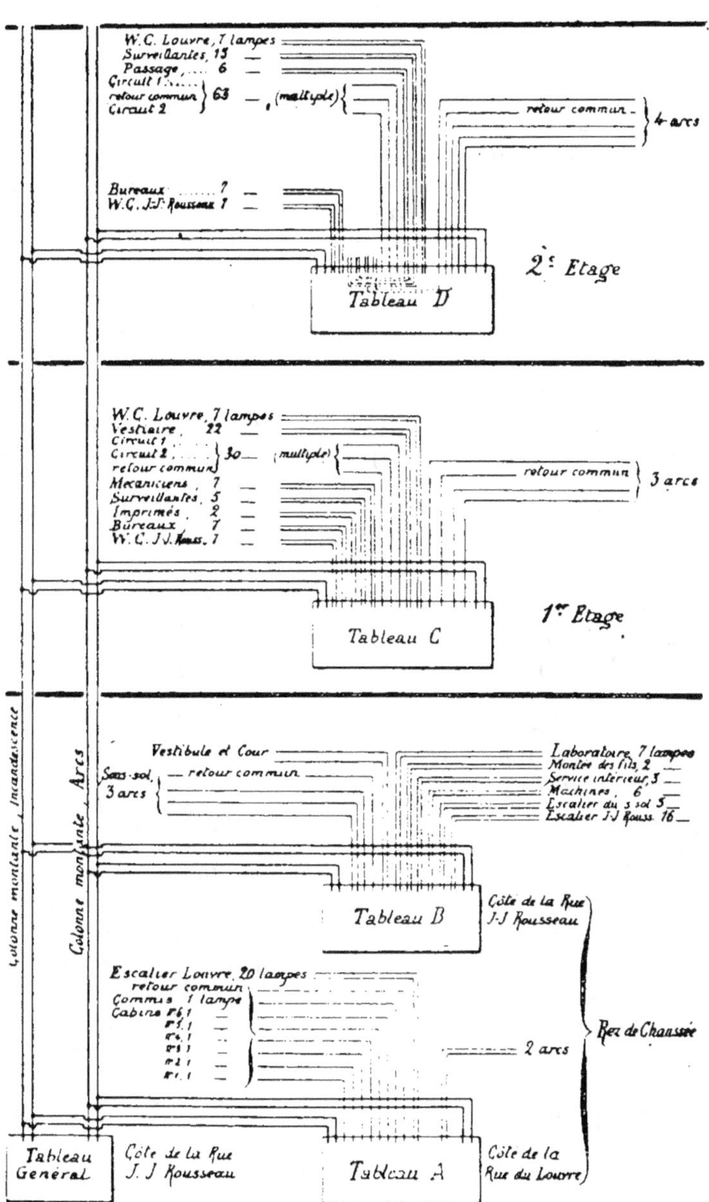

Fig 1. — Schéma de la distribution de l'éclairage électrique.

Ces tableaux comportent, comme d'habitude, des commutateurs, des coupe-circuits, des rhéostats, des instruments de mesure... Nous n'insisterons pas sur ce point d'intérêt secondaire pour notre étude. Ajoutons cependant qu'il existe des prises de courant pour des appareils portatifs.

Arrivée des lignes, rosace et tableau de distribution. — Les lignes interurbaines sont, dans la traversée de Paris, construites en câble Fortin-Hermann. Ces câbles arrivent directement à une rosace, établie dans la forme ordinaire, et s'y raccordent à des fils paraffinés, câblés ensemble, qui prolongent les lignes jusqu'aux tables du premier étage.

Les fils qui partent de chez les abonnés sont réunis en câble, dès la sortie du poste. Dans ces câbles à 2 conducteurs, chaque conducteur est formé par un toron de 3 fils de cuivre de 0,5 millimètre, recouvert de gutta-percha portant le diamètre à 3,5 millimètres, puis d'un guipage de coton noir pour l'un des conducteurs, blanc pour l'autre. Les deux conducteurs sont câblés ensemble avec deux cordelettes de filin tanné, et le tout est recouvert d'un ruban de coton, puis introduit dans un tube de plomb.

De place en place, 7 lignes d'abonnés sont réunies en un câble à 14 conducteurs. La spécification de ces câbles est un peu différente de celle des câbles à deux conducteurs. Chaque conducteur est formé d'un toron de 3 fils de cuivre de 0,5 millimètre, recouvert de gutta-percha, portant le diamètre à 3 millimètres, puis d'un guipage de coton. Deux conducteurs câblés forment le conducteur double. Sept conducteurs doubles semblables, mais guipés respectivement de couleurs différentes rouge, noir, blanc, bleu, jaune, vert et grenat, le grenat étant affecté au conducteur double central, disposés toujours dans le même ordre, sont câblés ensemble, puis recouverts de 2 rubans de coton enroulés en sens inverse. Le tout est introduit dans un tube de plomb.

Ces câbles sont suspendus dans les égouts, d'après les procédés ordinaires.

Dès que le nombre des câbles est suffisant, dans une direction donnée, on forme des groupes de 49 lignes, représentant 98 conducteurs, dits *groupes de* 100. Dans les lignes nouvellement construites, ces groupes de 100 sont constitués par des câbles sous papier et sous plomb, dont nous avons décrit la fabrication.

Dans le voisinage de la rue Gutenberg, ces câbles sont réunis dans une galerie spéciale qui rejoint le réseau des égouts et où ils sont rassemblés dans un caniveau en tôle, de 70 centimètres de côté, qui les amène jusqu'au sous-sol de l'hôtel.

Les lignes suburbaines sont groupées de la même manière, ainsi que les lignes auxiliaires de départ et d'arrivée, mais on peut généralement faire usage de câbles à 100 conducteurs, dès la sortie du bureau que ces lignes auxiliaires relient à la rue Gutenberg.

A leur entrée dans le sous-sol de l'hôtel des Téléphones, les câbles sous plomb sont amenés à une vaste charpente en bois, sur laquelle sont fixées horizontalement des *têtes de câble*, semblables à celle qui a été décrite et figurée dans « Téléphonie pratique » (*fig.* 356, page 362).

Il y a autant de têtes de câble qu'il y a de groupes de 49 abonnés, c'est-à-dire de câbles à 100 conducteurs.

De ces têtes (*fig.* 2) partent de nouveaux câbles, à 25 paires, qui, ceux-là, sont seulement recouverts d'une tresse de coton et d'une bandelette de plomb en feuille mince, enroulée en spirale, et qui aboutissent aux réglettes verticales du tableau de distribution.

Le tableau de distribution est un grand châssis, construit en fer à T et en fer cornière; il mesure 11,85 mètres de longueur, 0,70 mètre d'épaisseur et 2,50 mètres de hauteur.

L'ensemble comporte 79 travées formées de 10 étages. Des réglettes en ébonite, longues d'environ 1,10 mètre, et portant deux rangées de plots de raccordement à deux bornes, sont placées, bout à bout, sur les charpentes du meuble, et forment les points de raccordement entre les câbles venant des têtes de câble et ceux qui montent aux étages supérieurs.

Ces réglettes sont analogues aux planchettes à 14 bornes que l'on utilise pour la pose des appareils portatifs chez les abonnés.

Une rangée de réglettes est placée le long de chacun des montants verticaux de la face postérieure du tableau. Les câbles descendent, un par un, le long de ces montants et distribuent leurs conducteurs qui, convenablement dénudés, sont pincés sous les bornes des plots de raccordement, chaque plot recevant un conducteur de ligne. De la borne opposée du même plot, part un fil paralliné qui aboutit à une réglette horizontale. Les réglettes horizontales, à peu près semblables aux réglettes verticales, courent, en avant du tableau, attachées aux traverses horizontales qui forment une sorte de rayonnage à claire-voie; il y a autant de rangées

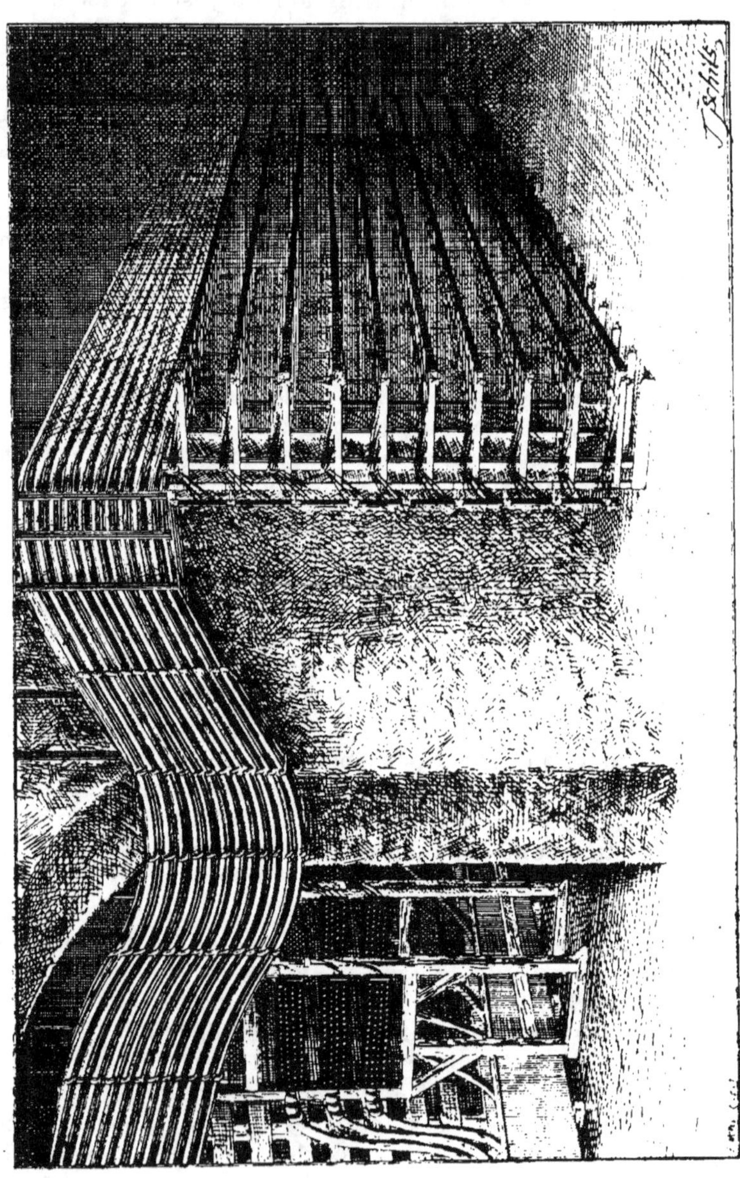

Fig. 2 — Tableau de distribution dans le sous-sol.

de réglettes qu'il y a de rayons. Sur le rayonnage formé par les traverses horizontales en fer, s'étalent, à plat, les câbles correspondant aux salles des étages supérieurs. Ces câbles sont solidement attachés, avec de la ficelle, à chaque traverse, et leurs conducteurs, dénudés, sont successivement pincés sous les bornes des plots de raccordement, qui ont déjà reçu les fils paraffinés en relation avec les fils de ligne. La continuité est ainsi assurée, et il ne reste plus qu'à grouper les câbles en nappes successives pour les conduire, en leur faisant traverser les plafonds, jusqu'aux tables du multiple. La figure 3 montre comment sont répartis et numé-

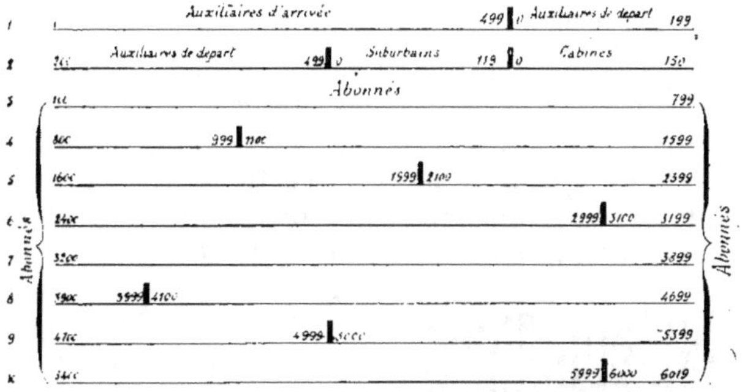

Fig. 3. — Répartition des lignes sur le tableau de distribution.

rotés les câbles sur les réglettes horizontales du tableau de distribution. On y voit successivement, rangés sur les tablettes, les câbles des lignes auxiliaires d'arrivée, ceux des lignes auxiliaires de départ, les câbles suburbains, les lignes de cabines, et enfin les lignes d'abonnés. Ainsi que nous l'avons dit, les lignes interurbaines aboutissent à une rosace distincte.

Batteries d'accumulateurs. — La source d'électricité, à laquelle on puise, pour appeler les abonnés ou les bureaux centraux, consiste en batteries d'accumulateurs que l'on a substituées aux piles jusqu'alors en usage.

Le modèle en service est l'accumulateur Tudor. Chaque élément d'accumulateur comprend un plus ou moins grand nombre de plaques, alternativement positives et négatives, plongées dans un vase contenant de l'eau acidulée par l'acide sulfurique. Les plaques positives représentent une sorte de quadrillage, résultant de l'entrecroisement de rainures verticales et de rainures horizontales, pratiquées sur les deux faces d'une lame de plomb (*fig.* 4). Les plaques négatives ne comportent que des rainures verticales (*fig.* 5).

Ces plaques, longues de 14 centimètres, larges de 13,5 centimètres et épaisses de 1,35 centimètre, forment, en quelque sorte, unité; elles contiennent 1740 grammes de plomb et 310 grammes de matière active (minium et litharge). Suivant les dimensions que l'on veut donner à l'élément, 4, 8, 16 ou 32 plaques positives sont soudées et assemblées, dans un cadre de plomb anti-monieux, pour former une plaque ou électrode unique, comme le montre la figure 6. Il en est de même pour les plaques négatives qui se composent également de 4, 8, 16 ou 32 plaques élémentaires. Ce sont les électrodes, ainsi constituées, qui sont soumises à la *formation*, opération qui s'exécute chez le fabricant, et dont nous n'avons pas à nous occuper ici. Un groupe d'éléments constitue une batterie.

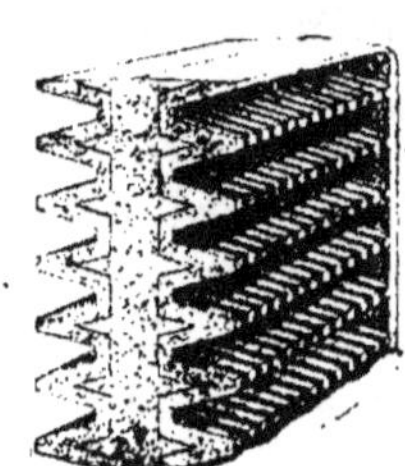

Fig. 4. — Plaque positive d'accumulateur Tudor.

Les queues des plaques sont soudées individuellement à une lame de plomb qui réunit toutes les plaques positives d'un élément à toutes les plaques négatives de l'élément suivant.

Les récipients sont en verre; cependant, dans les grandes stations centrales d'électricité, on fait usage de caisses en bois doublées de plomb (*fig.* 6).

Les plaques ne reposent pas directement sur le fond du vase; elles sont soutenues par des lames de verre maintenues, dans une position invariable, par des rainures appliquées contre les parois latérales du vase. Les lames de verre sont elles-mêmes posées sur des bandes de caoutchouc, placées transversalement sur le fond du vase.

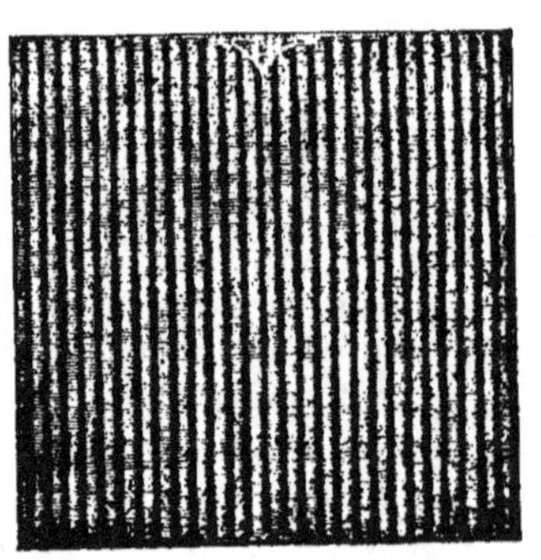

Fig. 5.
Plaque négative d'accumulateur Tudor.

L'eau acidulée constituant l'*électrolyte* se prépare en mélangeant environ 9 volumes d'eau *distillée* à un volume d'acide sulfurique chimiquement pur. Cette préparation se fait vingt-quatre heures à l'avance, et le liquide doit être complètement refroidi avant d'être employé. Les plaques mises en place, on verse le liquide jusqu'à ce que leur bord supérieur soit immergé d'environ 3 centimètres.

Le niveau du liquide doit être maintenu constant, soit en

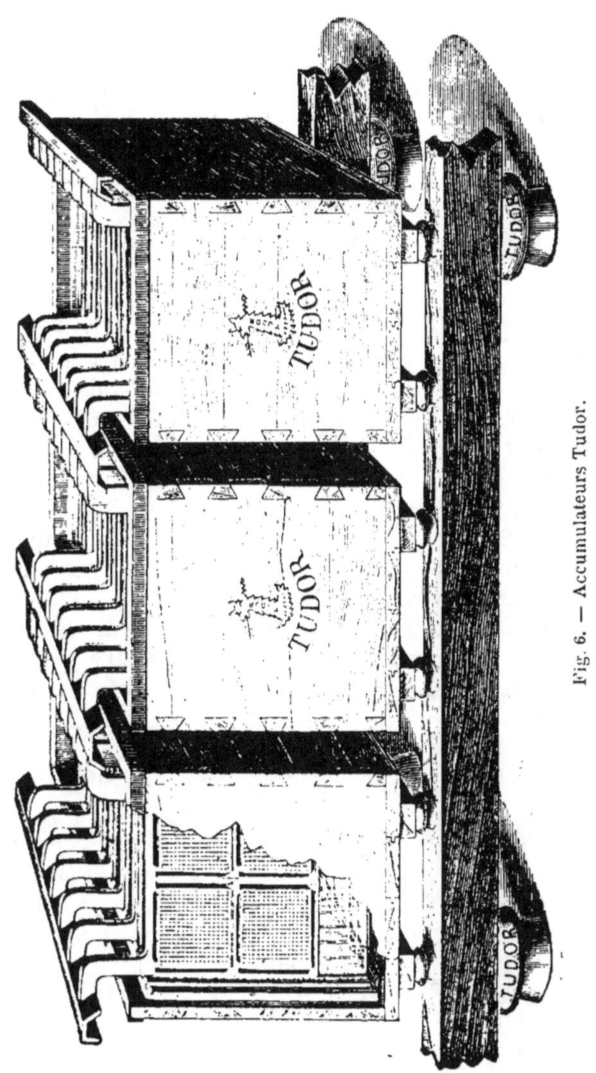

Fig. 6. — Accumulateurs Tudor.

ajoutant de l'eau distillée, soit en ajoutant de l'eau acidulée; la proportion à observer est indiquée par un aréomètre Baumé qui, plongé dans le liquide, doit marquer 26°.

Aussitôt montées, les batteries doivent être chargées. De même, après chaque décharge, partielle ou totale, il faut, pour conserver les éléments en bon état, recharger complètement les batteries, le plus promptement possible.

Les régimes de charge et de décharge sont indiqués, pour chaque type, par les constructeurs; le régime maximum de charge est d'environ 0,9 ampère par kilogramme d'électrode; le régime normal de décharge est de 1 ampère par kilogramme.

La charge périodique des éléments a lieu par une prise de courant, branchée sur le secteur des Halles centrales, qui alimente également les circuits d'éclairage.

Un tableau de distribution assure la régularité de la charge et de la décharge (*fig.* 7).

Les batteries en service sont :

1° Deux batteries de 15 éléments *ab*, *cd* à 11 plaques par élément (6 positives, 5 négatives ou 5U) fournissant chacune à la décharge, une force électromotrice de 30 volts;

2° Une batterie de 30 éléments *ij*, à 3 plaques par élément (2 positives, 1 négative ou 1U), fournissant, à la décharge, une force électromotrice de 60 volts.

En réalité, on dispose, pour les appels, d'un circuit à 60 volts et de deux circuits à 30 volts; mais deux batteries de réserve *ef*, *gh*, de 15 éléments chacune, à 5 plaques par élément (3 positives, 2 négatives ou 2U), peuvent être couplées de façon à suppléer aux batteries normalement en service, c'est-à-dire à donner 60 volts sur un seul circuit ou 30 volts sur deux circuits différents. Le tableau de distribution a été installé en conséquence.

Ce tableau comprend :

1° Deux bornes de prise de courant *x*, *y* sur le circuit du secteur;

2° Quatre bornes communiquant avec les clés d'appel pour les circuits à 30 volts (1 + —, 2 + —);

3° Deux bornes communiquant avec les clés d'appel pour le circuit à 60 volts (3);

4° Un conjoncteur-disjoncteur automatique I¹;

5° Un interrupteur général I²;

6° Trois rhéostats de charge R¹, R², R³;

7° Un voltmètre V;

8° Un ampèremètre A;

9° Un commutateur de voltmètre B;

10° Trois commutateurs de couplage C¹, C², C³;

11° Cinq coupe-circuits à fils fusibles *k*, *l*, *m*, *n*, *o*;

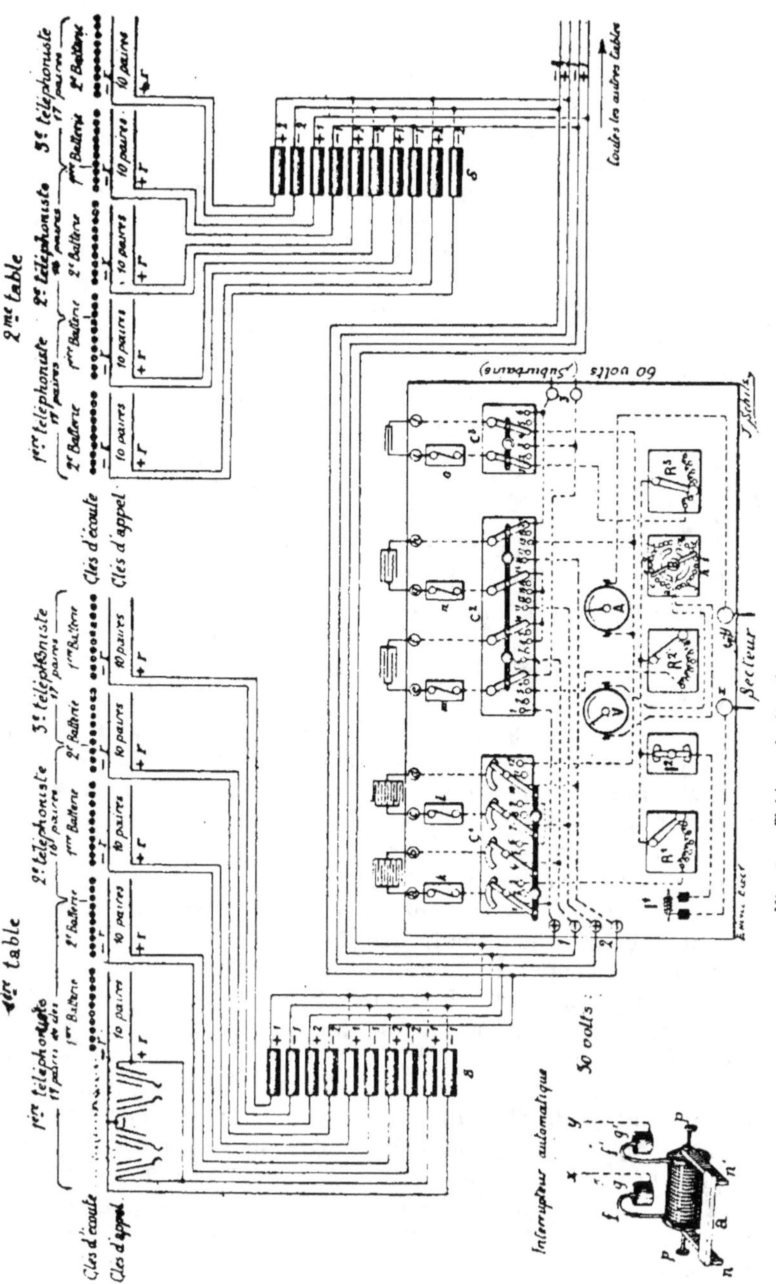

Fig. 7. — Tableau de distribution des batteries d'accumulateurs.

12° Dix bornes de raccord avec les 5 batteries d'accumulateurs, $a, b, c, d, e, f, g, h, i. j$.

Le disjoncteur automatique I^1 est intercalé entre la borne x et l'interrupteur général I^2. Il a pour objet de rompre automatiquement la communication avec le secteur, dans le cas où le courant fourni viendrait, soit à être interrompu pour une cause ou pour une autre, soit à avoir une force électromotrice plus faible que celle des accumulateurs en charge, et d'éviter ainsi la décharge de ces accumulateurs. Le disjoncteur I^1 se compose d'une bobine montée sur des pivots p, p; les extrémités ff' du fil, enroulé sur le noyau, sont recourbées de façon à pouvoir plonger dans des godets gg' remplis de mercure. Le noyau porte des prolongements polaires nn', placés en regard d'une armature fixe a. Au moment de la mise en charge, les pièces polaire nn' sont mises, à la main, en contact avec l'armature fixe a, et les extrémités ff' du fil plongent dans les godets à mercure gg'; le circuit est ainsi fermé, et le passage du courant de charge, à travers la bobine, maintient les pièces polaires attirées par l'armature. Cette attraction cesse dès que le courant est interrompu; alors les pièces polaires retombent par leur propre poids, entrainant la bobine qui bascule sur ses pivots, et les extrémités du fil sortent des godets à mercure; le circuit reste ouvert en ce point.

Nous n'insisterons pas sur la manœuvre de l'interrupteur général I^2, qui coupe ou rétablit le contact avec la prise de courant, par la manœuvre de sa manette; de même, dans les rhéostats de charge, le déplacement de la touche, mobile autour d'un point fixe, permet d'introduire dans le circuit les résistances convenables.

Le voltmètre et l'ampèremètre servent à effectuer les mesures électriques; enfin les coupe-circuits sont les instruments protecteurs que l'on rencontre sur tous les circuits électriques d'une certaine importance.

Il nous reste à examiner le fonctionnement des commutateurs de couplage, destinés à assurer, par des manœuvres simples et rapides, la charge et la décharge des batteries. Pour cela, il nous faut étudier les communications électriques du tableau.

Le commutateur C^3 possède deux manettes accouplées, se déplaçant sur deux groupes de chacun 3 plots $1, 2, 3, - 4, 5, 6$. Aux axes des manettes aboutissent respectivement les deux pôles i, j de la batterie de 30 éléments qui dessert le circuit à 60 volts.

Le commutateur C² est pourvu de 4 manettes, articulées sur une barre isolante. Ces manettes se déplacent simultanément, en prenant contact avec 4 groupes, de 5 plots chacun. Aux axes des manettes sont reliés les pôles e, f, g, h des deux batteries de réserve; à l'une des batteries sont affectées les deux manettes de gauche; celles de droite correspondent à la seconde batterie.

Le commutateur C¹ porte deux paires de manettes, commandées par une barre d'assemblage en ébonite. L'une des extrémités des manettes se déplace sur 4 groupes, de 3 plots chacun, tandis que l'autre extrémité glisse sur un secteur métallique. Chaque paire de manettes est affectée à l'une des batteries du circuit de 30 volts, soit de 15 éléments.

La borne x de la prise de courant est reliée par l'interrupteur automatique I¹, à l'interrupteur général I², dont le contact opposé est réuni aux manettes des trois rhéostats R¹, R², R³. De ces rhéostats partent des fils conducteurs, aboutissant aux plots des commutateurs de couplage, savoir :

Rhéostat R¹ avec plot 3 du commutateur C¹;
Rhéostat R² avec plot 3 du commutateur C²;
Rhéostat R³ avec plot 1 du commutateur C³.

Les plots 12 du commutateur C¹, 18 du commutateur C², 4 du commutateur C³ sont en relation avec l'ampèremètre A, relié d'autre part à la borne y de la prise de courant.

En outre, les plots 6 et 9 du commutateur C¹ sont réunis entre eux; il en est de même des plots 8, 10, 13, 15 du commutateur C².

Il est facile de voir que, sur notre figure, le commutateur C³ est dans la position de charge: le courant du secteur arrivant par la borne x, l'interrupteur automatique I¹ et l'interrupteur général I², passe par le rhéostat R³, le plot 1 de C³, le coupe-circuit o, la batterie, le plot 4 de C³, l'ampèremètre A et la borne y de prise de courant.

Il en serait de même du commutateur C², si ses manettes étaient placées sur les plots 3, 8, 13, 18. La marche du courant serait la même que précédemment, le rhéostat R² se trouvant seulement substitué au rhéostat R³.

Dans sa position de charge, le commutateur C¹ a ses manettes placées sur les plots 3, 6, 9, 12; le rhéostat R¹ et l'ampèremètre A sont dans le circuit.

Les plots 1 et 4 du commutateur C¹ sont en relation avec les bornes 1 $+$ — du circuit de 30 volts nᵒ 1; ces bornes sont également en relation avec les plots 1 et 6 du commutateur C².

Les plots 7 et 10 du commutateur C¹ sont en relation avec les bornes 2 + — du circuit de 30 volts n° 2; ces bornes sont également en relation avec les plots 11 et 16 du commutateur C².

Pour mettre les deux batteries que dessert le commutateur C¹ sur les circuits n°ˢ 1 et 2, il suffit de placer les manettes de ce commutateur dans les positions 1, 4 et 7, 10. Pendant ce temps, les manettes du commutateur C² peuvent occuper une position quelconque autre que 1, 6, 11, 16.

Si on veut substituer aux batteries du commutateur C¹ les batteries de réserve du commutateur C², on place les manettes du commutateur C¹ dans la position 2, 5, 8, 11 ou dans la position de charge 3, 6, 9, 12, et on amène les manettes du commutateur C² sur les plots 1, 6, 11, 16.

Les deux batteries de réserve agissent alors isolément, et chacune d'elles est affectée à l'un des circuits n°ˢ 1 et 2, avec une différence de potentiel de 30 volts.

Dans la position 3, 6, le commutateur C³ donnerait 60 volts sur le circuit n° 3; pour substituer à la batterie de ce commutateur les deux batteries de réserve, couplées en tension (60 volts), on placerait, comme le montre la figure 7, les manettes de C³ sur les plots 1, 4 (position de charge) ou sur les plots 2, 5; quant au commutateur C², ses manettes occuperaient la position 5, 10, 15, 20, comme sur notre dessin. On voit que, de la sorte, les deux batteries de réserve sont couplées en tension par l'intermédiaire des plots 10, 15, réunis entre eux. Un couplage analogue a lieu, pendant la charge, par la réunion des plots 8, 13, alors que les manettes occupent la position 3, 8, 13, 18 et que le rhéostat R², ainsi que l'ampère-mètre A sont dans le circuit.

Quant au voltmètre V, sa mise en circuit résulte de la manœuvre du commutateur B. C'eût été embrouiller la figure que d'indiquer les connexions des différents plots de ce commutateur avec les bornes des batteries. On remarque que la manette du commutateur B peut se déplacer sur deux secteurs métalliques et sur différents plots situés en regard, chacune des branches de la manette mettant le secteur qu'elle parcourt en relation avec les plots du même côté. Les deux secteurs communiquent avec les deux bornes du voltmètre, les plots a, b avec les bornes a, b de la première batterie, les plots c, d avec les bornes c, d, de la seconde batterie, et ainsi de suite jusqu'aux plots i, j, qui sont en relation avec les bornes i, j de la batterie de 60 volts. Il suffira donc de placer la manette du commutateur B sur les plots a, b, c, d, etc., pour placer le voltmètre en dérivation sur le circuit de la 1re, 2e... batterie. Les bornes du commutateur B qui ne sont pas désignées par des lettres restent libres.

Aspect général du commutateur multiple. — Le commutateur multiple qui fonctionne aujourd'hui à l'hôtel des Téléphones a été imaginé, en 1880, par MM. Haskins et Wilson, dont la Western Electric C°, de Chicago, exploite les brevets. Il a été fourni à l'Administration française par la Société de matériel téléphonique, installée à Paris, sous la direction de M. Aboilard.

Comme aspect général, l'installation représente de longues files de tables juxtaposées, devant lesquelles sont assises les téléphonistes. Le profil de chaque table comprend : un grand panneau vertical, un plateau horizontal, un petit panneau vertical, une tablette horizontale.

Le grand panneau vertical, divisé par des traverses en six compartiments, est rempli par des réglettes horizontales, superposées, et percées de trous ronds, dont le nombre s'élève à 6000 environ.

Le plateau horizontal supporte deux rangées de chevilles métalliques.

Le petit panneau vertical est garni d'avertisseurs dont les volets, en s'abattant, laissent voir les numéros.

Sur la tablette horizontale, sont alignés des leviers de manœuvre et des boutons d'appel.

Trois téléphonistes sont assises devant chaque table et se partagent le travail. Un appareil microphonique, suspendu devant chacune d'elles, peut être exhaussé ou abaissé, au gré de l'intéressée, au moyen d'un système de cordons souples, de poulies et de contrepoids.

Chaque téléphoniste est aussi pourvue d'un récepteur qui lui est propre et qu'un ressort, contournant la tête, maintient appliqué sur l'oreille. Au moyen d'un cordon souple et d'une fiche enfoncée dans une mâchoire adhérente à la table, la téléphoniste met son récepteur en communication avec les conducteurs du tableau multiple, mais aussi, si elle est appelée à se déplacer, il lui suffit de retirer sa fiche pour pouvoir emporter avec elle le récepteur qui lui est affecté.

Derrière les files de tables, dont nous venons de parler, les conducteurs de lignes, rassemblés dans des câbles, viennent s'attacher aux organes que nous décrirons plus loin. Ces câbles passent sous un faux plancher et sont complètement masqués à la vue, car les tables sont fermées, en arrière, par des panneaux, en forme de stores, toujours faciles à relever, lorsqu'on doit procéder à une vérification ou à une réparation.

De petites tables, disposées de place en place, en face des grandes, servent de bureau aux surveillantes qui, de là, par une manœuvre très simple, et à l'insu de leurs subordonnées, peuvent contrôler la marche du service, en mettant en circuit un appareil micro-téléphonique.

Au premier étage, deux rangées de tables, rappelant par leurs formes les tableaux Standard, occupent une partie de la vaste salle; c'est là qu'aboutissent les lignes interurbaines et les lignes venant des cabines publiques. Chacune de ces tables est desservie par deux téléphonistes.

Au rez-de-chaussée, se trouvent : du côté de la rue du Louvre, une salle où six cabines sont mises à la disposition du public; du côté de la rue Jean-Jacques-Rousseau, un laboratoire pour les essais, les mesures et les expériences; là aussi, un certain nombre de lignes s'épanouissent sur une rosace; mais le grand tableau de distribution auquel aboutissent les lignes du réseau urbain, est situé dans le sous-sol, ainsi que les accumulateurs qui fournissent le courant pour les appels.

Principe du commutateur multiple. — Le *multiplage* consiste à mettre sous la main de chaque téléphoniste tous les abonnés du réseau, de façon qu'un seul opérateur puisse relier, sans intermédiaire, un abonné quelconque, du groupe qu'il dessert, avec l'un quelconque de tous les autres abonnés.

Chaque abonné a son conjoncteur particulier, que l'on appelle *Jack local*, et son annonciateur d'appel *annonciateur d'abonné*. Ces Jacks locaux et ces annonciateurs sont répartis, en nombre égal, sur les *tables* ou *sections* qui composent le commutateur; mais la ligne qui part du domicile de l'abonné, pour le relier à son Jack local, traverse, dans chacune des sections du tableau, un *Jack général* qui, partout, porte le même numéro que le Jack local et occupe toujours la même place dans toutes les sections. Il y a donc, sur une ligne, un seul Jack local et un seul annonciateur d'abonné, mais autant de Jacks généraux que le tableau multiple comporte de sections.

Chaque téléphoniste a devant elle un certain nombre de Jacks locaux et le même nombre d'annonciateurs, correspondant à autant d'abonnés; ce sont ses clients; eux seuls lui demandent d'établir des communications, mais aussi elle peut les relier à tous les autres abonnés du réseau et même entre eux, car elle a également devant elle tous les Jacks généraux de sa section, c'est-à-dire autant de Jacks généraux qu'il y a d'abonnés desservis par le bureau, chacun de ces Jacks généraux appartenant à une ligne d'abonné différente.

Pour effectuer son travail, la téléphoniste dispose d'une quantité convenable de *clés d'appel*, de *clés d'écoute* qui lui permettent de se mettre en relation avec les abonnés, de *fiches* et de *cordons souples* pour établir les communications, et enfin d'*annonciateurs de fin de conversation*.

Là se borne, en quelque sorte, l'agencement du commutateur multiple proprement dit. Mais, dans un réseau tel que celui de Paris, qui possède plusieurs bureaux centraux, toutes les lignes d'abonnés n'aboutissent pas à l'hôtel des Téléphones. Il faut assurer les relations avec les abonnés répartis dans les autres bureaux; de là, la nécessité d'installer, de bureau à bureau, un certain nombre de lignes de liaison. On a donné à ces lignes le nom de *lignes auxiliaires*, et, par rapport au bureau de la rue Gutenberg, on les divise en *lignes auxiliaires de départ* et *lignes auxiliaires d'arrivée*. Ces deux catégories de lignes, répondant à des besoins différents, au point de vue de l'exploitation, ont dû être distribuées sur le tableau multiple d'une manière différente.

Les lignes à conversations taxées, telles que les lignes interurbaines, ont également nécessité une installation spéciale. Il en est de même des lignes desservant les cabines téléphoniques, mises à la disposition du public dans les bureaux télégraphiques et sur divers autres points de la capitale. De sorte qu'un organe, simple dans son principe, est devenu un meuble compliqué par la diversité de ses installations.

Le tableau multiple proprement dit comprend **23** tables ou sections pouvant être équipées chacune à 6000 Jacks généraux, 240 lignes d'abonnés, 50 paires de cordons avec leurs accessoires. A chaque extrémité du tableau, on a disposé 1,3 de section en plus; nous en verrons l'objet.

En entrant plus avant dans le détail, le tableau multiple contient les organes suivants :

1° Des câbles raccordant les sections entre elles et aussi l'ensemble du multiple avec les lignes qui viennent de l'extérieur;

2° Des Jacks locaux à contacts platinés;

3° Des Jacks généraux;

4° Des annonciateurs d'abonnés;

5° Des annonciateurs de fin de conversation;

6° Des cordons et des fiches ;
7° Des poids à poulie ;
8° Des clés d'appel et des boutons de conversation ;
9° Des clés commutateurs ou clés d'écoute ;
10° Des bobines de retard ;
11° Des condensateurs ;
12° Des bobines d'induction (de deux modèles) ;
13° Des récepteurs téléphoniques ;
14° Des transmetteurs microphoniques.

Ajoutons à ces organes quelques autres, destinés aux installations spéciales ; ce sont :

Les Jacks à 5 pointes ;
Les fiches à 3 conducteurs ;
Les Jacks, modèle Standard.

LES ORGANES

Câbles intérieurs. — Chaque conducteur, dont le diamètre est de 0,58 millimètre, est recouvert de deux couches de soie, puis d'un fort guipage en coton. Ce guipage est teinté différemment, pour permettre de reconnaître les conducteurs, au nombre de 43. Les conducteurs, câblés ensemble, sont encore séparés les uns des autres par des hélices, à longues spires, en coton. L'ensemble est recouvert par un ruban continu de coton, une bande de papier, une lame de plomb, une seconde bande de papier, un ruban de coton, le tout formant autant de spirales qui se superposent. Enfin, le revêtement extérieur est formé par une tresse en coton, imbibée d'une composition incombustible.

Les câbles sont légèrement aplatis, ce qui permet de les ranger plus facilement, d'abord les uns à côté des autres, puis par nappes successives.

Jacks locaux à contacts platinés *(fig. 8)*. — Les Jacks locaux sont disposés par réglettes de 20 Jacks, numérotés de 0 à 19, de 20 à 39....., de 80 à 99.

Chaque réglette se compose de deux pièces en ébonite, assemblées par cinq longues vis en laiton. Chaque Jack comprend un *canon* ou *test* A, un ressort platiné *c c'*, un plot de contact platiné *e e'*. Les canons sont maintenus chacun par deux goupilles dans la pièce antérieure de la réglette ; ils se terminent par une queue en laiton *a a'*. à laquelle on soude un des fils de communication. La pièce postérieure de la réglette est échancrée en regard de chacun des canons, de façon à former un logement pour la tête de la fiche. Cette même pièce postérieure soutient les ressorts et les plots de contact platinés. Les ressorts, en maillechort, sont recourbés à angle droit et maintenus par une forte vis qui mord dans l'ébonite; d'un côté, ils se terminent par une queue c, à laquelle on soude le fil de communication, de l'autre, par une surface recourbée c', sous laquelle s'engage la fiche. Un rivet de platine est adapté au ressort, dans la partie qui doit reposer sur le contact platiné e. Celui-ci est vissé dans l'ébonite et.

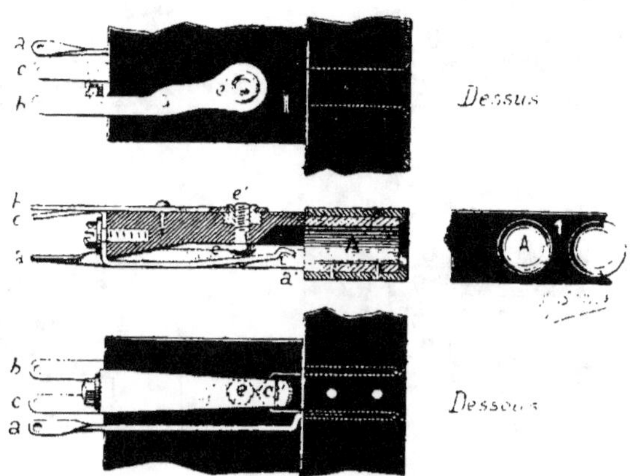

Fig. 8. — Jack local à contacts platinés.

sur une queue métallique b, semblable aux précédentes, assujettie, d'autre part, par une goupille.

En temps normal, les ressorts reposent sur les contacts platinés; ils n'en sont séparés que lorsqu'une fiche est introduite dans le Jack, la tête de celle-ci soulevant le ressort et le séparant du contact.

Chaque téléphoniste dispose de 80 Jacks locaux.

Jacks généraux. — Les Jacks généraux ne diffèrent des Jacks locaux que par l'absence de platine sur le ressort et sur le contact de repos. C'est simplement par raison d'économie que cette mesure a été prise.

Annonciateurs d'abonnés *fig. 9*. — Les annonciateurs d'abonnés sont disposés par réglettes de 10 annonciateurs. Ce sont des électro-aimants à deux bobines EE', dont l'armature P, garnie d'un crochet C, soutient un volet V, masquant un numéro. La résistance des bobines est habituellement de 110 ohms. Lorsqu'un abonné appelle, l'armature de l'annon-

ciateur correspondant est attirée; le volet, monté à charnière,
tombe et laisse voir le numéro. Dans sa chute, le volet presse
un ressort qui prend contact avec une goupille, en relation,
si on le désire, pour les appels de nuit, avec une sonnerie et
avec une pile; là se borne le rôle de l'annonciateur d'abonné,
dont la téléphoniste relève le volet à la main. La ligne, d'ailleurs, n'arrive pas directement à l'annonciateur; elle passe

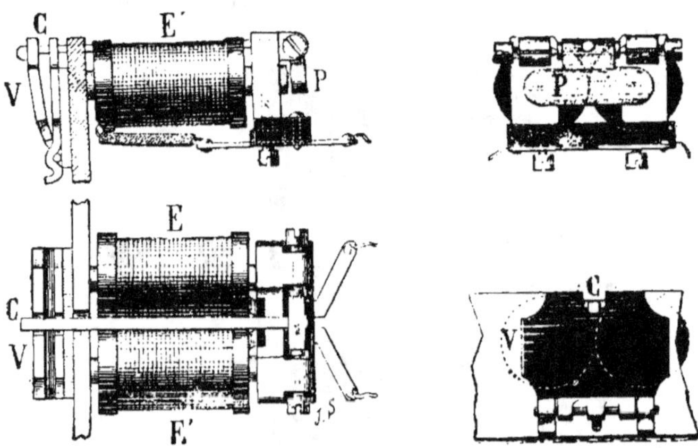

Fig. 9. — Annonciateur d'abonné.

par le Jack général de chaque section et par le Jack local;
c'est par l'intermédiaire de ce dernier qu'elle aboutit à
l'annonciateur.

Annonciateurs de fin de conversation (*fig* 10). — Les
annonciateurs de fin de conversation sont formés par des
électro-aimants tubulaires, dont la bobine a une résistance
de 600 ohms. Le noyau de fer doux qui supporte la bobine
est vissé sur le fond F du tube en fer FF, assujetti lui-même
sur la réglette *f*, commune à tous les annonciateurs d'une
même rangée. Le volet est articulé de la même manière que
dans les annonciateurs d'abonnés. L'armature, réglée très
près du noyau, en raison de la longueur du crochet C qui
soutient le volet, est un disque de fer P, suspendu sur les
pointes des vis V, V'. Les extrémités du fil de la bobine passent au travers de trous, ménagés à cet effet dans l'armature,
et sont soudées à des languettes métalliques e, e', fixées elles-
mêmes à une barre transversale en ébonite.

Cordons et fiches. — Les fiches sont disposées sur deux
lignes parallèles; elles forment paire, par file, et sont groupées

par 10 files; leur numérotage est le même que celui des annonciateurs de fin de conversation.

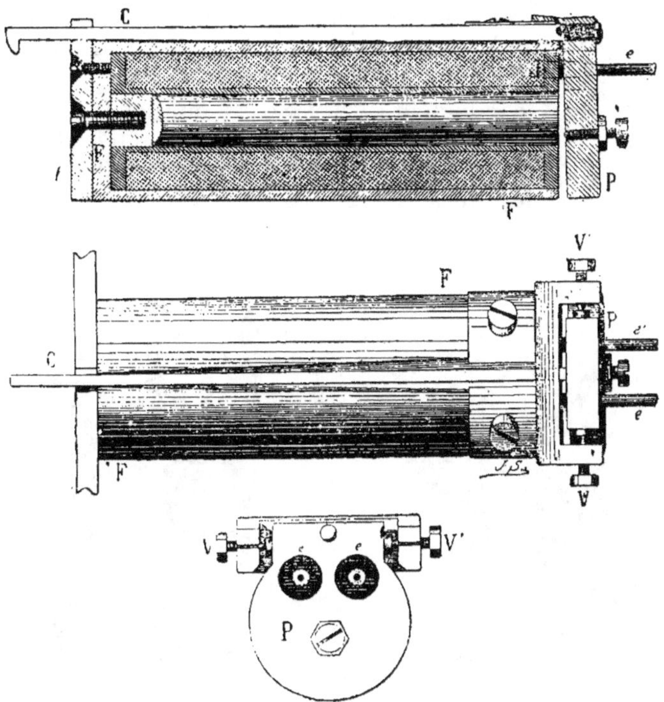

Fig. 10. — Annonciateur de fin de conversation.

La charpente de la fiche (*fig.* 11) est un cylindre de laiton, creusé dans toute son étendue. Une pièce en fer, isolée par de

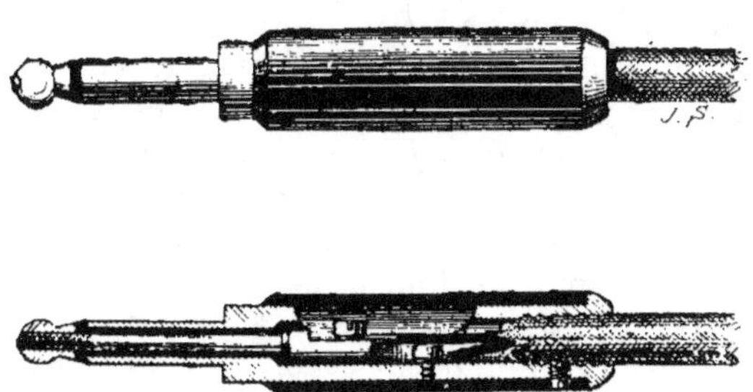

Fig. 11. — Fiche à deux conducteurs.

l'ébonite, traverse toute la partie de la fiche qui doit s'engager dans le Jack; cette pièce se termine par un bouton en laiton;

elle reçoit un des fils conducteurs. Le second fil conducteur s'attache au cylindre de laiton. Un évidement est ménagé vers le milieu de ce cylindre, pour permettre de serrer les vis qui maintiennent les deux fils conducteurs. La partie dans laquelle sont introduits les fils est taraudée, et le cordon souple, à deux conducteurs, se visse à l'intérieur; les extrémités de ces conducteurs sont dénudées et arrêtées sous des vis. Un manchon isolant recouvre la portion de fiche que la téléphoniste doit tenir à la main.

Ainsi, un des conducteurs aboutit au *corps* de la fiche,

Fig. 12.
Mode d'attache des cordons.

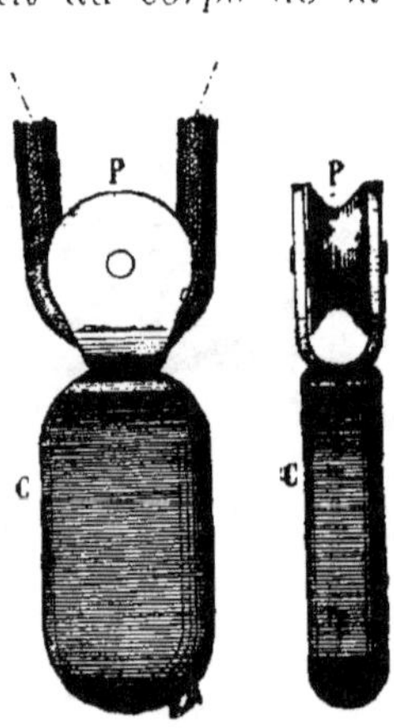

Fig. 13.
Poulie et poids.

l'autre à la *tête* ou à la *pointe*; un tube et une rondelle d'ébonite les isolent l'un de l'autre.

Le cordon souple comporte deux brins, dont chacun est formé par une âme en or faux, protégée par une spirale en maillechort, et recouverte d'une tresse de coton. Les deux conducteurs sont juxtaposés sous une seconde tresse en coton.

La résistance électrique de chaque conducteur est, pour une longueur de 2 mètres, de 0,765 ohm. La figure 12 montre le mode d'attache des cordons sur les tables. Pour chacun des brins d'un même cordon, une équerre en laiton, percée de deux trous, reçoit le conducteur, simplement bouclé, sans soudure. Le remplacement des cordons devient ainsi très facile. Le conducteur, formant ressort, donne un contact suffisant au point de vue électrique.

Poids et poulie *fig. 13*). — Le cordon souple pend au-dessous de la table et passe sur la gorge d'une poulie en laiton P,

ASPECT GÉNÉ

(Gravure commun

TATEUR MULTIPLE

journal l'*Illustration*).

à laquelle est suspendu le contrepoids C. C'est un bloc de plomb, dans lequel est noyée la chape de la poulie. D'autre part, la fiche se tient debout sur le fond d'un godet de repos, percé d'un trou pratiqué dans la tablette.

Clés d'appel et boutons de conversation (*fig. 14*). — Les clés d'appel sont disposées par paires, en nombre égal à celui des paires de fiches et de cordons. Chaque clé se compose d'un piston AB, que l'on abaisse par la pression du doigt sur le bouton C et qui, par l'effet du ressort à boudin *r*, reprend sa position de repos, dès que cesse la pression qui l'avait déplacé. La tige AB glisse dans le bloc de laiton D ; elle se termine par une came biseautée A, en ébonite.

Sur la masse d'ébonite F, faisant corps avec le bloc de laiton D, sont fixés les contacts de repos *e*, *f* qui reçoivent leurs fils de communication en *e'*, *f'*. Les ressorts *cc'*, *dd'*, encastrés dans les plots d'ébonite E, E', reposent habituellement sur les contacts *e*, *f* ; ils s'approchent très près de la came en ébonite A, sans cependant la toucher. Deux autres ressorts *aa'*, *bb'*, isolés des ressorts *cc'*, *dd'*, sont également fixés par les vis *v*, *v'*, sur les plots d'ébonite E, E' ; deux lames de laiton rigides *gg'* soutiennent ces ressorts et les empêchent de toucher les ressorts *cc'*, *dd'* ; les fils de communication sont attachés en *a'*, *b'*, *c'*, *d'*.

Ainsi, lorsque la clé est au repos, les ressorts *cc'*, *dd'* touchent les contacts *e*, *f* ; les ressorts *aa'*, *bb'* sont isolés. Lorsqu'on abaisse le piston AB, la came A s'engage entre les ressorts *c*, *d* et les écarte ; ceux-ci abandonnent les contacts *e*, *f* et viennent toucher les ressorts *a*, *b*, de sorte que *cc'* communique avec *aa'*, *dd'* avec *bb'* ; *ee'*, *ff'* sont isolés. Tous les points de prise de contact sont platinés.

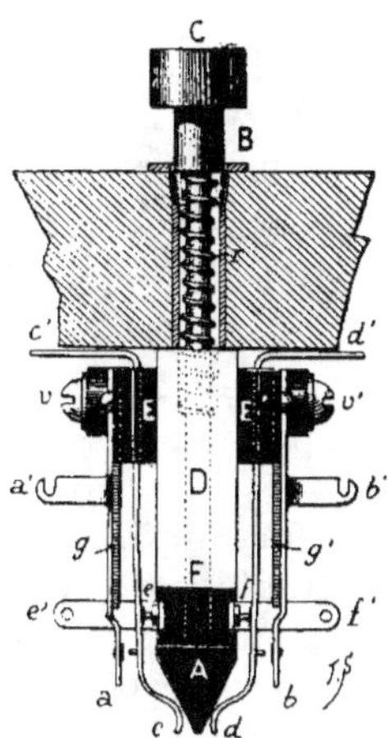

Fig. 14. — Clé d'appel et bouton de conversation.

Les clés sont fixées sous les tables au moyen de deux longues vis qui traversent, de part en part, le bloc D ; la tige et le bouton C apparaissent seuls au-dessus de la table.

Les *boutons de conversation* sont des clés d'appel simples, disposées isolément. Elles servent à relier le récepteur à un circuit destiné à échanger, dans certains cas, les conversations de service.

Clés d'écoute (*fig.* 15). — Au point de vue mécanique, l'agencement général de la clé d'écoute ne diffère pas sensiblement de celui de la clé d'appel; toute la partie placée au-dessous de la table et située à gauche du bloc D est la même;

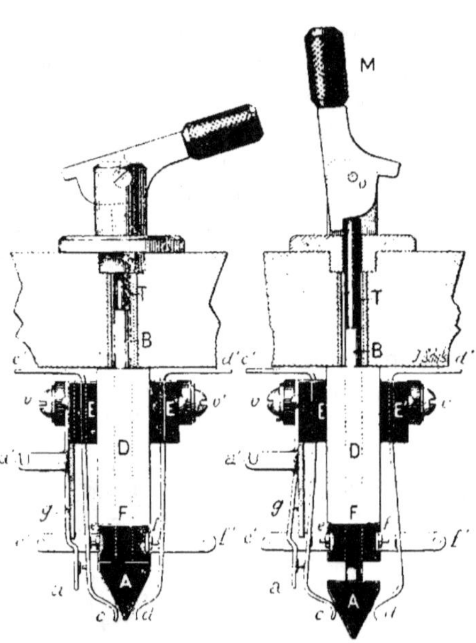

Fig. 15. — Clé d'écoute.

dans la partie de droite, le ressort et le contact extérieurs sont supprimés. Ici, l'abaissement du piston a lieu au moyen d'un levier excentré, que l'on manœuvre à la main. Ce levier, articulé en *o*, est garni d'une manette M. Il agit sur le cylindre en ébonite T qui, lui-même, commande le jeu du piston B. Lorsque la manette M est verticale, la clé d'écoute est au repos; lorsque la manette M est abaissée, la clé d'écoute met la ligne en relation avec le poste d'opérateur de la téléphoniste. Il est à remarquer que, contrairement à ce qui se passe dans la clé d'appel, le ressort *cc'* communique avec le ressort *aa'* lorsque la clé est au repos, tandis que *cc'* s'appuie sur *ee'* et *dd'* sur *ff'*, lorsque la téléphoniste se met en relation avec un abonné.

Bobines de retard (*fig.* 16). — La bobine de retard est complétement entourée de fer; son enroulement, simple, en fil de cuivre recouvert de soie, a 800 ohms de résistance. Les extrémités du fil conducteur aboutissent aux bornes A, B qui servent à mettre la bobine en circuit.

Il y a autant de bobines de retard qu'il y a de paires de cordons. Chacune de ces bobines est intercalée entre une paire de cordons et la pile d'essai, qui peut être unique pour tout le multiple.

Lorsqu'il en est ainsi, la pile d'essai a un de ses pôles à la terre, tandis que son autre pôle est relié à toutes les paires de cordons, à travers les bobines de retard.

Si l'on fait usage de plusieurs piles d'essai, ces piles sont affectées à un certain nombre de cordons, dans les conditions que nous venons d'indiquer.

Que l'on emploie une ou plusieurs piles d'essai, on voit que tous les cordons sont en relation avec un point commun, la terre. Le rôle de la bobine de retard est précisément d'atténuer cette cause de mélange, en opposant sa forte *résistance apparente* au passage des ondes phoniques, sans toutefois mettre obstacle au passage du courant de la pile d'essai (1).

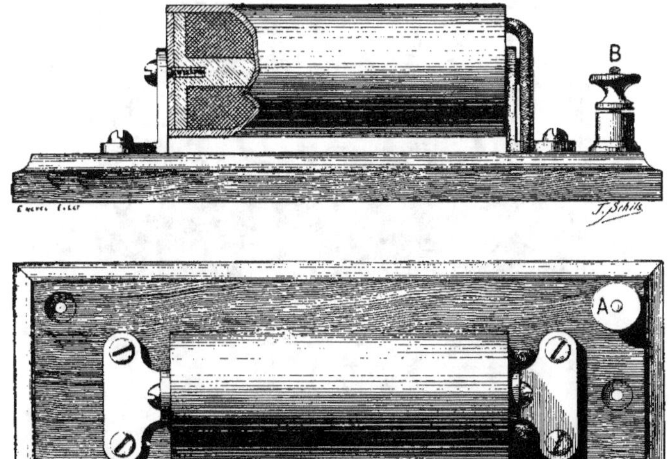

Fig. 16. — Bobine de retard.

Cette bobine a également pour objet d'empêcher les piles d'essai d'être directement à la terre par leurs deux pôles et de s'épuiser ainsi, en pure perte, au moment où la téléphoniste

1. Le coefficient de self-induction de la bobine de retard est, en moyenne, de 12 henrys, ce qui élève dans de fortes proportions la résistance apparente R de cette bobine.

En effet, si nous posons :

$r = 800$ résistance en ohms de la bobine;

$L = 12$ coefficient de self-induction;

$t = \dfrac{1}{500}$ de seconde (durée moyenne d'une onde phonique).

La formule $R = \sqrt{r^2 + \dfrac{4\pi^2}{t^2} L^2}$

nous donne comme résistance apparente

$$R = \sqrt{800^2 + 4\pi^2 . 500^2 . 12^2} = 37.955.$$

vérifie si la ligne qu'elle veut utiliser est libre. En même temps, elle atténue le bruit produit dans le téléphone au moment de l'essai.

Condensateurs. — Le condensateur a pour objet de laisser ouvert le circuit de la pile d'essai pendant tout le temps que la téléphoniste, en relation avec les abonnés, maintient sa clé d'écoute abaissée. Dans ce cas, les deux pôles de la pile seraient, en effet, à la terre, sans l'interposition du condensa-

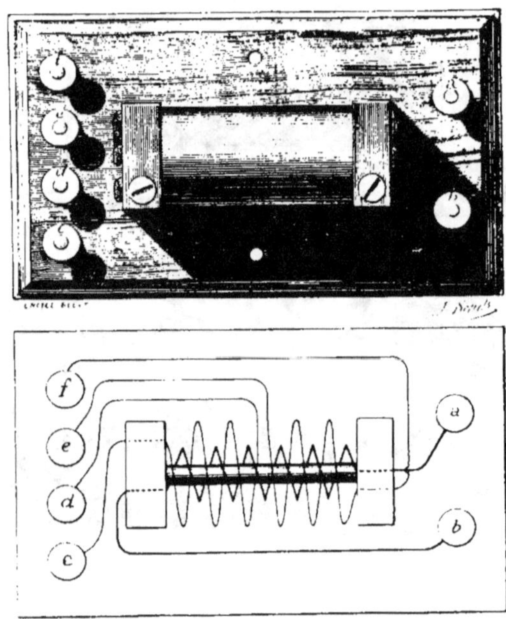

Fig. 17. — Bobine d'induction.

teur; d'autre part, le condensateur n'oppose aucun obstacle aux transmissions téléphoniques, tout en formant arrêt pour les courants de piles.

Les condensateurs sont formés par des feuilles d'étain et de papier paraffiné alternées; dans le cahier ainsi composé, les feuilles d'étain de rang pair sont réunies sous une borne métallique, les feuilles d'étain de rang impair sous une autre; ce sont les armatures du condensateur. Le cahier lui-même est noyé dans la paraffine et renfermé dans une boîte en bois.

La capacité de ces condensateurs est de 0.70 microfarad.

Bobines d'induction *fig. 17*. — Le circuit primaire de la bobine d'induction a une résistance inférieure à 1 ohm; il aboutit aux bornes a, b. Le circuit secondaire est sectionné en deux parties égales, dont les extrémités sont respectivement attachées aux bornes c, d, e, f. Chacune des portions de ce circuit a une résistance de 125 ohms. En réunissant par un fil métallique les bornes d, e, le circuit secondaire ne formerait plus qu'un conducteur unique ayant 250 ohms de résistance.

Le circuit secondaire de la bobine d'induction a été sectionné dans le but d'équilibrer la résistance de la ligne, de part et d'autre du téléphone récepteur; en effet, le récepteur est habituellement intercalé entre les bornes d, e, tandis que les fils de ligne arrivent aux bornes c, f, de sorte que chacune des branches situées soit à droite, soit à gauche du récepteur, comprend un des fils de ligne et la moitié du circuit secondaire de la bobine d'induction. Les résistances des deux branches de ce circuit peuvent être considérées comme sensiblement égales.

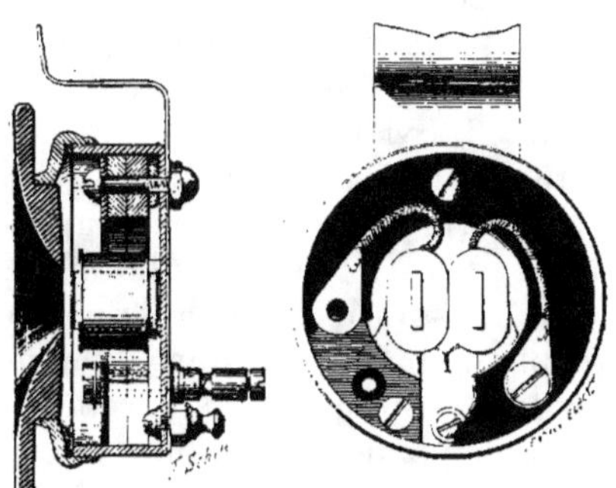

Dans les tables interurbaines et dans les tables de cabines, ainsi que dans les deux tables intermédiaires, le circuit secondaire de la bobine d'induction n'est pas sectionné.

Récepteurs *(fig. 18).* — Le récepteur, dont le boîtier est en aluminium, se compose de deux aimants recourbés,

Fig. 18. — Récepteur.

superposés, sur lesquels sont calés des noyaux supportant deux bobines aplaties. Le fil qui entoure ces bobines a une résistance de 100 à 120 ohms; il aboutit à deux bornes auxquelles s'attache le cordon souple. Ce cordon est terminé, d'autre part, par une triple fiche formée de trois tiges de laiton, isolées l'une de l'autre par de l'ébonite. Les tiges extérieures de la fiche aboutissent aux conducteurs du cordon souple; la tige du milieu ne reçoit aucune communication. Cette fiche, introduite dans une mâchoire fixée à la table du multiple, met le récepteur en relation avec le circuit secondaire de la bobine d'induction par les deux tiges extérieures de la fiche, tandis que la tige intermédiaire sert uniquement à fermer le circuit primaire. La mâchoire dont nous venons de parler se compose de trois Jacks, identiques aux Jacks généraux, assemblés sur une pièce d'ébonite.

La membrane téléphonique est immobilisée par une rondelle vissée sous le pavillon, ou plutôt sous le couvercle du boitier. Il existe un modèle de ces récepteurs dans lequel une bague, qui se visse sur ce boitier, permet de serrer plus ou moins le couvercle, c'est-à-dire de rapprocher plus ou moins la plaque vibrante des noyaux des bobines; c'est un moyen de réglage.

Un ressort est fixé au récepteur et emboite la tête de la téléphoniste; il a pour objet de maintenir constamment le pavillon appliqué sur l'oreille. De son côté, le microphone étant suspendu, la téléphoniste a les deux mains libres.

Transmetteur (*fig* 19). — Le microphone est du système Hunnings et du type des transmetteurs à grenaille; il porte une embouchure A, devant laquelle on parle, et est suspendu à deux cordons souples, passant sur des poulies, et garnis de contrepoids, qui permettent de régler la hauteur de l'instrument au-dessus de la table; dans le sens horizontal, on peut aussi

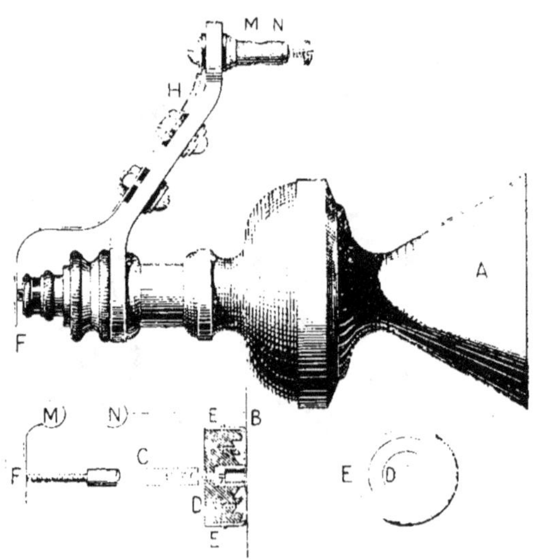

Fig. 19. — Transmetteur Hunnings.

l'avancer et le reculer en agissant sur une tige montée à glissière sur le support.

Deux contacts métalliques B, C sont séparés par un bloc de charbon D, entouré d'un manchon de feutre E, et par de la grenaille très fine de charbon. Le bloc de charbon est cylindrique et porte des excavations, dans lesquelles se loge la grenaille de charbon ; il est traversé par la tige métallique C et, en regard, est placée la plaque vibrante B, également en métal ; mais les deux pièces B, C sont séparées par la couche de grenaille de charbon que maintient le manchon de feutre E. Le circuit primaire de la bobine d'induction et la pile sont reliés au microphone par les bornes MN ; l'une est attachée directement au massif de l'instrument et prend contact avec la plaque vibrante B, l'autre est réunie à la pièce F qui s'appuie sur la tige C et est isolée du massif par les rondelles d'ébonite H.

La pile microphonique est une pile bloc, système Germain ; elle comporte 1 seul élément.

Jacks à 5 pointes (*fig.* 20). — Les Jacks à 5 pointes sont des conjoncteurs qui, au moment de l'introduction de la fiche, coupent les deux fils de ligne au-delà de la fiche, tandis que, dans les Jacks généraux, un seul des conducteurs est coupé.

Les Jacks à 5 pointes sont employés, dans le tableau de la rue Gutenberg, pour les tables intermédiaires (switching). Ils sont montés par réglettes de 20 et se composent :

1° D'un canon ou *test* A qui reçoit le corps a de la fiche ;

2° D'un ressort B qui prend contact avec la partie intermédiaire b de la fiche ;

3° D'un ressort C qui s'appuie sur la tête c de la fiche ;

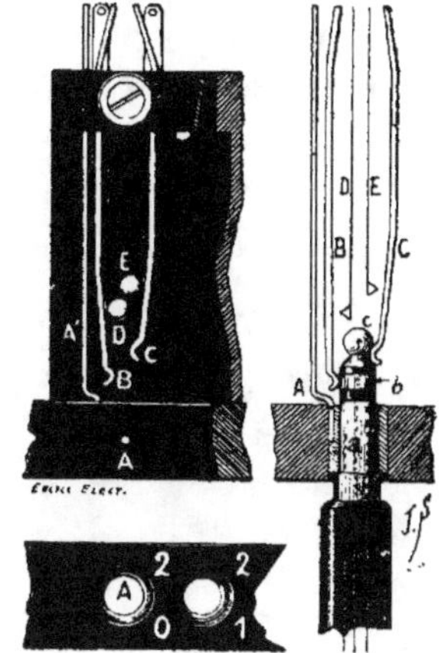

Fig. 20 — Jacks a 5 pointes.

4° De deux butoirs D, E, dont le premier est en contact avec le ressort B, lorsque la fiche n'est pas enfoncée dans le Jack, tandis que le second, E, est en contact avec le ressort C, dans les mêmes conditions.

Lorsque la fiche est enfoncée, les ressorts B, C abandonnent les butoirs D, E ; c'est là qu'a lieu la coupure de la ligne. Les ressorts B, C, les butoirs D, E sont platinés aux endroits où ils doivent se toucher.

Fiches pour Jacks à 5 pointes (*fig.* 21). — La fiche pour

Jacks à 5 pointes se compose de trois parties métalliques, isolées l'une de l'autre : la tête A, l'anneau intermédiaire B, le corps C. A chacune de ces trois parties correspond un conducteur. L'un des fils de ligne aboutit à la tête A (fil blanc), l'autre à l'anneau B (fil bleu); le troisième conducteur (fil rouge),

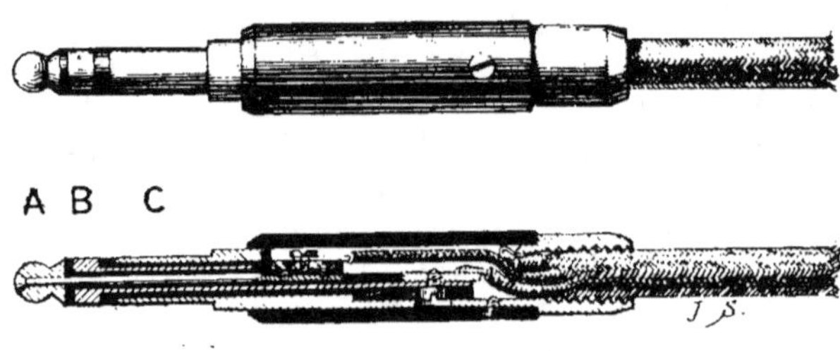

Fig. 21. — Fiche pour Jack à 5 pointes.

qui aboutit au corps C de la fiche, communique avec une pile locale et sert pour les essais.

Jacks des tables interurbaines et des tables de cabines (modèle Standard) *(fig. 22).* — Ce Jack comprend : 1° un canon fixé par deux vis sur le panneau des Jacks, et monté sur deux lames, dont l'une reçoit le fil de ligne A'; 2° une lame centrale

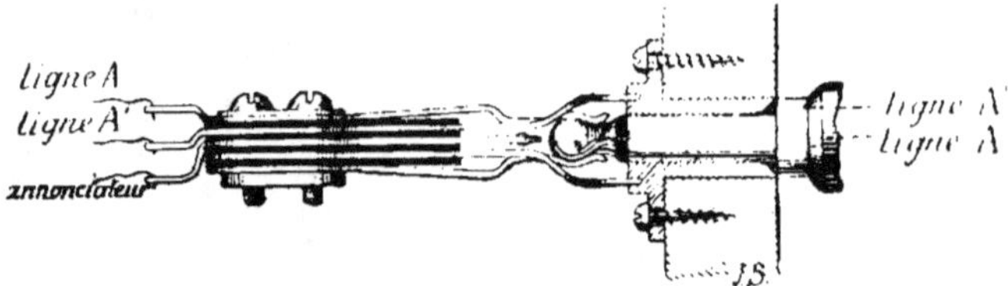

Fig. 22. — Jack, modèle Standard.

qui communique avec l'annonciateur; 3° deux ressorts qui, au repos, s'appuient sur la lame centrale et qui en sont écartés lorsqu'une fiche est introduite à fond dans le canon: l'un de ces ressorts reçoit le fil de ligne A. Les lames et les ressorts sont séparés les uns des autres par des plaques d'ébonite et assemblés par deux boulons isolés.

Nombre d'organes mis en œuvre. — Si nous récapitulons le nombre des différents organes mis en œuvre, nous trouvons que chaque section du multiple, complétement équipée, contiendrait :

240 Jacks locaux à contacts platinés,

    6720 Jacks généraux,
    240 annonciateurs d'abonnés,
    50 annonciateurs de fin de conversation,
    100 fiches et cordons,
    100 poids à poulie,
    100 clés d'appel,
    3 boutons de conversation,
    50 clés commutateurs, dites clés d'écoute,
    50 bobines de retard,
    3 condensateurs,
    3 bobines d'induction,
    3 récepteurs téléphoniques,
    3 transmetteurs microphoniques,
    Câbles en quantité suffisante,
  Soit au total pour 23 sections :
    5520 Jacks locaux à contacts platinés,
  154 560 Jacks généraux,
    5520 annonciateurs d'abonnés,
    1150 annonciateurs de fin de conversation,
    2300 fiches et cordons,
    2300 poids à poulies,
    2300 clés d'appel,
    69 boutons de conversation,
    1150 clés d'écoute,
    1150 bobines de retard,
    69 condensateurs,
    69 bobines d'induction,
    69 récepteurs téléphoniques,
    69 transmetteurs microphoniques,
    Câbles en quantité suffisante.

Ces chiffres correspondent à la capacité du multiple proprement dit, mais, en réalité, pour les cinq premiers mille de Jacks, le numérotage ne commence qu'à 100, 1100, 2100, 3100, 4100; on a réservé ces 5 premières centaines pour parer aux éventualités, de sorte que chaque section ne contient réellement que 5520 Jacks généraux d'abonnés (240 × 23 = 5520), bien que ceux-ci soient numérotés jusqu'à 6019. Si l'on ajoute à ce chiffre 20 Jacks de service et 500 Jacks de lignes auxiliaires de départ, on obtient le chiffre exact de 6040 Jacks généraux par table d'abonnés.

A cette installation principale il convient d'ajouter :

1° 1,3 de section à chacune des extrémités du multiple général;

2° 2 sections et 2/3 de section de commutateur spécial intermédiaire avec Jacks platinés à 5 pointes ;

3° 10 sections et 1/3 de section de lignes auxiliaires d'arrivée (les lignes auxiliaires de départ sont placées dans le multiple proprement dit) ;

4° 3 sections et 1/3 de section de lignes suburbaines ;

5° 20 tables de lignes interurbaines ;

6° 10 tables de lignes de cabines téléphoniques publiques.

Le tableau de distribution, placé dans le sous-sol, peut recevoir 8000 lignes doubles venant de l'extérieur ; il en peut partir 7000 lignes se dirigeant vers le multiple.

INSTALLATION GÉNÉRALE DU COMMUTATEUR MULTIPLE

Agencement général. — Le tableau multiple de la rue Gutenberg est monté pour 5520 abonnés, 500 lignes auxiliaires

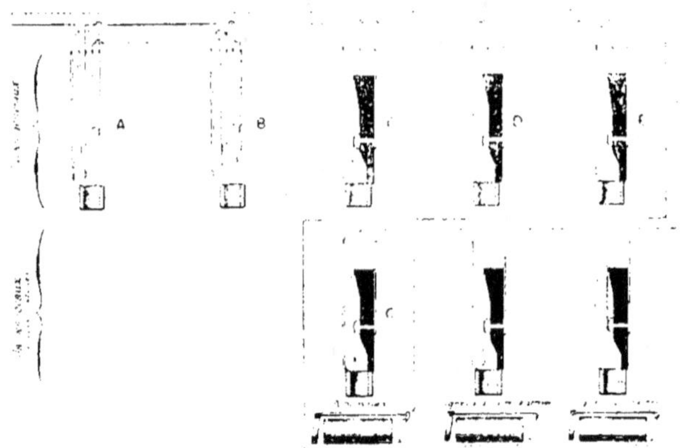

Fig. 23. — Schéma d'une ligne d'abonné à travers le multiple.

A 1re table intermédiaire. Lignes interurbaines.
B 2e table intermédiaire. Cabines.
C 23 tables générales : 240 lignes d'abonnés par table ; total 5520 abonnés.
C' Jack local et annonciateur d'un abonné. Ces deux organes sont placés dans l'une des 23 tables générales.
D 10 tables pour lignes auxiliaires d'arrivée ; 50 lignes par table. Ces 500 lignes ne sont multiplées nulle part.
E 3 tables suburbaines ; 40 lignes par table. Ces 120 lignes sont multiplées dans les 3 tables.

Les 500 lignes auxiliaires de départ sont multiplées dans les deux tables intermédiaires et les 23 tables générales.

Les 5520 abonnés sont multiplés sur toutes les tables.

La ligne pointillée - - - - - est multiplée dans tous les Jacks.

La ligne en trait plein n'est multiplée que dans les Jacks des tables intermédiaires. Toute ligne multiplée étant interrompue à sa droite, lorsqu'on met la fiche dans le Jack, la ligne en trait plein ne sera coupée que sur les tables intermédiaires.

RÉPARTITION DES CABLES

(Gravure communiquée par le journal l'*Illustration*).

de départ, 500 lignes auxiliaires d'arrivée, 120 lignes suburbaines, 150 lignes de cabines publiques (au 1ᵉʳ étage), 100 lignes

interurbaines (au 1er étage), soit au total 6890 lignes doubles.

Examinons tout d'abord l'installation générale, avant de nous occuper des cas particuliers :

La figure schématique n° 23 montre l'agencement d'une ligne d'abonné à travers les différentes tables. On voit que la ligne traverse successivement deux tables, montées d'une façon particulière, et dites *tables intermédiaires* (*switching* des Américains), les 23 tables ou sections du multiple proprement dit, 10 tables affectées aux lignes auxiliaires d'arrivée, 3 tables pour les lignes suburbaines, et qu'enfin les deux fils sont bouclés sur l'annonciateur d'abonné, situé dans l'une des 23 tables du multiple général.

L'un des conducteurs est continu, l'autre est sectionné dans chaque Jack général. En résumé, les différentes sections sont montées en série et un seul des conducteurs est coupé, à la droite du Jack général dans lequel on introduit une fiche; toutefois, une fiche introduite dans un des Jacks d'une table intermédiaire coupe les deux conducteurs à la droite de ce Jack.

Répartition des câbles. — Derrière les tables, les câbles sont répartis par nappes horizontales, supportées par des tringles en fer; ils sont soigneusement repérés. Chaque nappe horizontale contient 12 câbles, numérotés de 0 à 11. Les câbles eux-mêmes portent des numéros d'ordre dont la série est continue, de sorte qu'en indiquant le numéro du câble et le rang qu'il occupe dans la nappe horizontale, on le retrouve sans hésitation. A cet effet, un tableau de répartition, relatant les indications nécessaires, a été dressé au moment de la pose. Si, dans ce tableau, on lit : câble 27, forme 0, cela indique que ce câble est le plus rapproché du tableau dans la nappe considérée; de même, le câble 117, forme 4, occupe le quatrième rang en s'éloignant du tableau.

Première table intermédiaire (*fig. 24*). — En arrivant au second étage de l'hôtel des Téléphones, les câbles pénètrent dans le commutateur multiple par une table spéciale, affectée aux communications interurbaines à longue distance première table intermédiaire.

Cette table est équipée de la manière suivante :

En JJ sur le panneau vertical :

1° 5520 Jacks généraux d'abonnés;

2° 150 Jacks généraux de cabines, plus 10 Jacks de réserve, pour les installations nouvelles;

3° 20 Jacks généraux de service;

4° 120 Jacks généraux de lignes suburbaines;

5° 280 Jacks généraux de lignes auxiliaires de départ.

Sur la tablette horizontale :

1° 100 fiches à 3 conducteurs en F'F';

2° 3 boutons de conversation C communiquant avec les tables interurbaines;

3° 3 fiches reliées à ces boutons, en F;

4° 3 postes d'opérateur, comprenant chacun une mâchoire c, un récepteur, un microphone m.

Cette table est desservie par trois téléphonistes qui n'ont absolument qu'à exécuter les ordres transmis par leurs camarades, affectées au service des tables interurbaines, au premier étage.

La première table intermédiaire est précédée par un tiers de section, dont nous verrons bientôt l'utilité. Dans cette table, comme dans la suivante, le numérotage des Jacks est le même que celui des tables générales, dont nous parlerons plus loin.

Deuxième table intermédiaire *(fig. 25)*. La seconde table intermédiaire est affectée au service des cabines publiques; elle est suivie de 1,3 de section.

Cette table est équipée de la manière suivante :

Panneau vertical :

1° 5520 Jacks généraux d'abonnés;

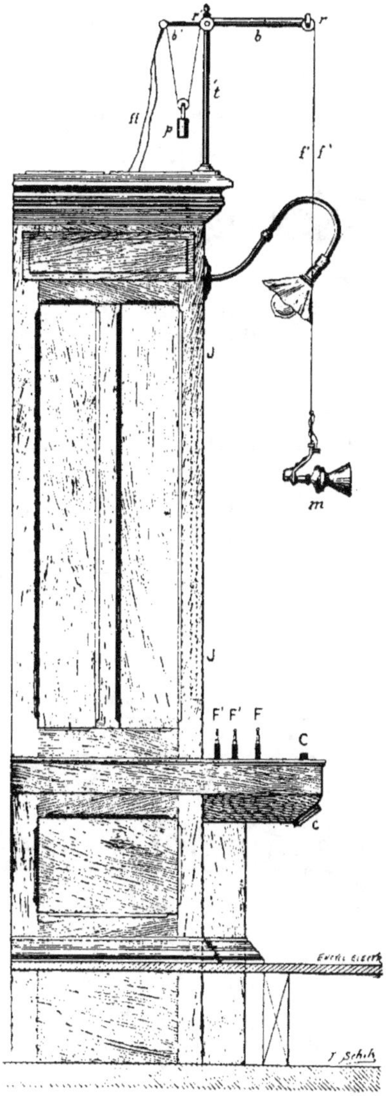

Fig. 24.

Profil de la première table intermédiaire.

2° 150 Jacks généraux de cabines, plus 10 Jacks de réserve pour les installations nouvelles DD...;

3° 20 Jacks de service, JS;

4° 120 Jacks généraux de lignes suburbaines, SS;

5° 280 lignes auxiliaires de départ AA:

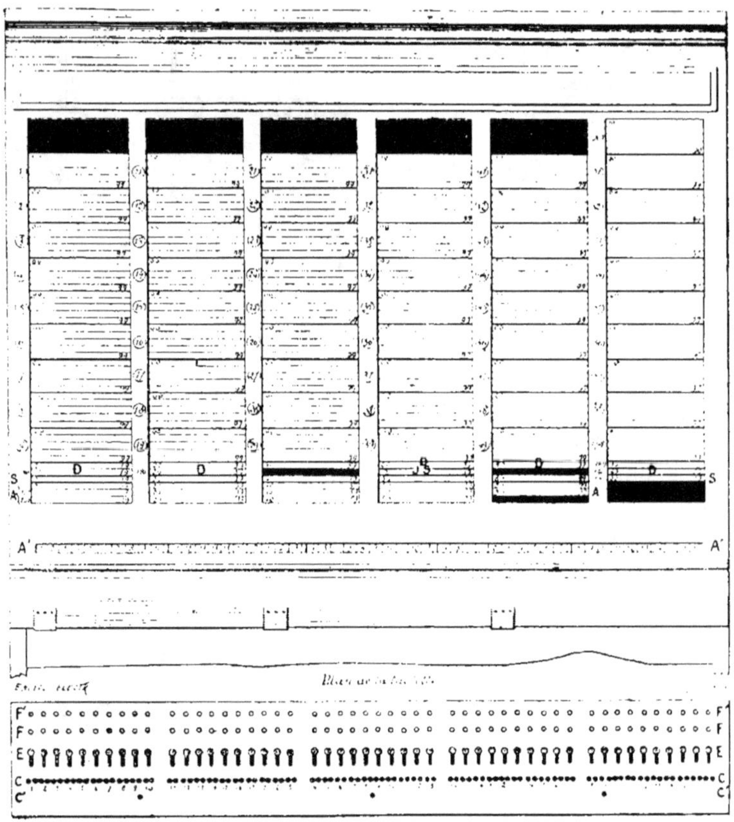

Fig. 25. — Deuxième table intermédiaire, vue de face.

6° 50 annonciateurs de fin de conversation A'A';

Tablette horizontale :

1° 50 paires de fiches F'F;

2° 50 clés d'écoute, E;

3° 50 paires de clés d'appel, C;

4° 3 boutons de conversation, C';

5° 3 postes d'opérateur, comprenant chacun une mâchoire, un récepteur, un microphone, etc...

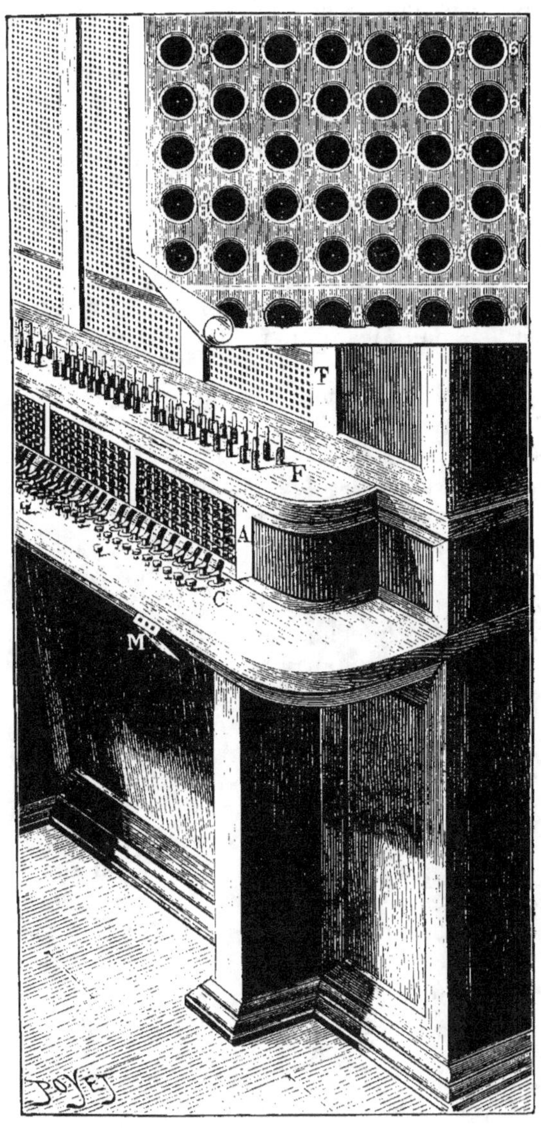

VUE DU TIERS DE SECTION TERMINANT LA 23ᵉ TABLE GÉNÉRALE

(Gravure communiquée par le journal l'*Illustration*).

Tables générales (*fig.* 26 et 27). — Ces tables ou sections sont
au nombre de 23, plus un tiers de section entre la première

table générale et la seconde table intermédiaire et un tiers de section au bout de la 23ᵉ table générale.

L'adjonction de ces tiers de section a pour objet de permettre aux deux téléphonistes, placées aux extrémités du commutateur multiple, d'atteindre les 5520 Jacks généraux des abonnés, comme peuvent le faire les téléphonistes intermédiaires.

Chaque table est desservie par trois téléphonistes : Dans la table n° 1, la téléphoniste du milieu a devant elle les 5520 Jacks généraux des abonnés, et peut atteindre les numéros de 100 à 1999 avec la main gauche, les numéros de 2100 à 3999 avec l'une ou l'autre main, les numéros de 4100 à 6019 avec la main droite.

La téléphoniste placée vers la droite de la table n° 1 ne peut plus atteindre, avec la main gauche, que les numéros compris entre 2100 et 3999, les numéros de 4100 à 6019 restant devant elle, mais elle a, à portée de sa main droite, les Jacks généraux numérotés de 100 à 1999 dans la table n° 2.

La téléphoniste placée vers la gauche de la table n° 1, et, par conséquent, au commencement du multiple général, ne peut atteindre que les Jacks numérotés de 100 à 3999 : c'est pour cela, qu'à sa gauche, on a placé un tiers de section supplémentaire ne comportant pas de Jacks locaux, mais comprenant les Jacks généraux de 4100 à 6019.

Pour le même motif, on a reporté, à la droite de la dernière téléphoniste de la 23ᵉ table, un tiers de section contenant les Jacks généraux de 100 à 3999.

C'est également dans le même but, et en raison de leur installation spéciale, que les deux tables intermédiaires sont précédées et suivies d'un tiers de section, montée en Jacks à 5 pointes.

Chacune des 23 tables générales est équipée de la manière suivante :

Grand panneau vertical :

     1° 5520 Jacks généraux d'abonnés JJ *fig.* 26 ;

     2° 20 Jacks de service JS *fig.* 27 ;

     3° 500 Jacks généraux de lignes auxiliaires de départ, AA ;

     4° 240 Jacks locaux d'abonnés au-dessous des lignes auxiliaires .

Plateau horizontal :

     50 paires de fiches avec cordons souples et contrepoids FF'

Petit panneau vertical :

1° 240 annonciateurs d'abonnés, A' (*fig. 27*).

2° 50 annonciateurs de fin de conversation Y.

Tablette horizontale :

1° 50 clés d'écoute, E;

2° 50 paires de clés d'appel, C;

3° 3 boutons de conversation C' (un par téléphoniste);

4° 3 postes d'opérateur, comprenant chacun une mâchoire c, un récepteur, un microphone m, etc.

Les Jacks généraux et les Jacks locaux sont numérotés par tranches horizontales, c'est-à-dire par réglettes, de 0 à 19, de 20 à 39..., de 80 à 99. En raison de l'espace restreint dont on dispose, ce numérotage ne comporte jamais que 2 chiffres; les chiffres des centaines, gravés sur des jetons métalliques, sont reportés le long des montants en bois formant la charpente qui soutient les réglettes.

Les annonciateurs d'abonnés, montés par réglettes de 10, sont numérotés par tranches verticales, c'est-à-dire que la première réglette porte les annonciateurs n⁵ 0, 5, 10, 15, 20, 25, 30, 35, 40, 45;

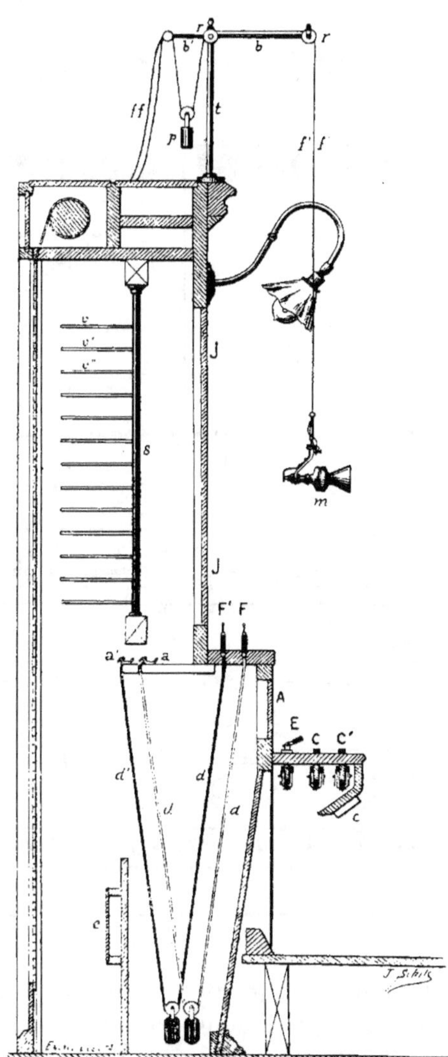

Fig. 26. — Coupe d'une des 23 tables générales.

la seconde,   1, 6, 11, 16, 21, 26, 31, 36, 41, 46;
la troisième, 2, 7, 12, 17, 22. 27, 32, 37, 42. 47;
la quatrième, 3, 8, 13, 18, 23, 28, 33, 38, 43. 48;
la cinquième. 4. 9, 14. 19. 24, 29. 34, 39, 44, 49.

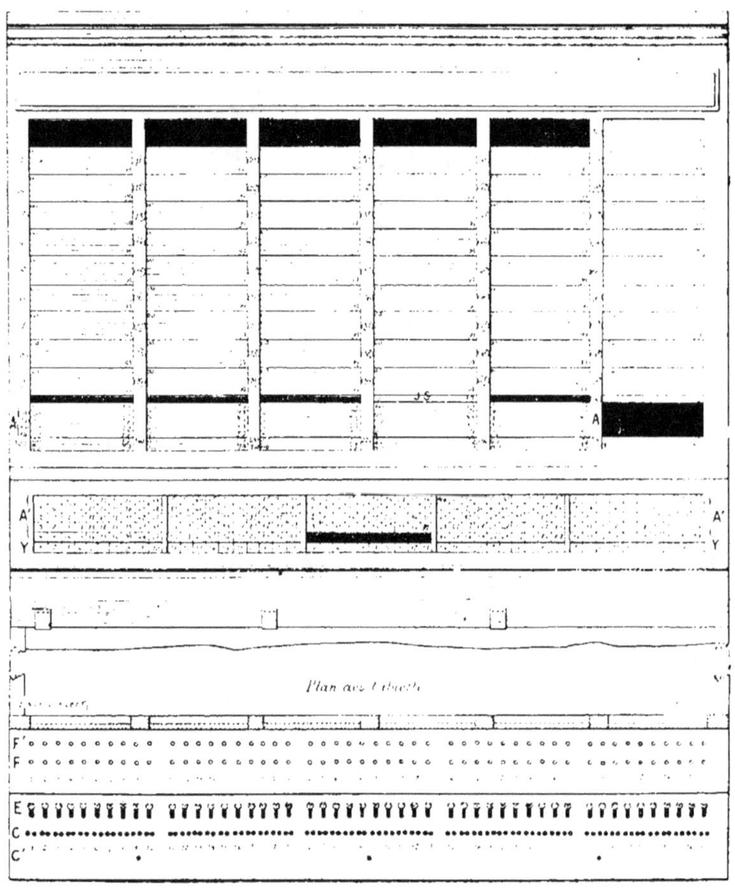

Fig. 27. — Table générale, vue de face.

Chaque table contient 5 travées de 5 réglettes chacune, sauf la travée du milieu qui ne renferme que 4 réglettes; le numérotage de cette travée est le suivant :

1re *réglette*, 0, 4, 8, 12, 16, 20, 24, 28, 32, 36;
2e *réglette*, 1, 5, 9, 13, 17, 21, 25, 29, 33, 37;
3e *réglette*, 2, 6, 10, 14, 18, 22, 26, 30, 34, 38;
4e *réglette*, 3, 7, 11, 15, 19. 23, 27, 31, 35, 39.

Soit, au total, 240 annonciateurs d'abonnés.

Le numérotage des annonciateurs, sur les différentes tables, varie évidemment, mais en suivant toujours l'ordre que nous venons d'indiquer; c'est ainsi que la seconde table commence par le n° 40 (240) et finit au n° 79 (479).

Les annonciateurs de fin de conversation sont montés par réglettes de 10; leur numérotage est le même pour chaque table, mais, dans la même table, varie d'une réglette à l'autre. Chaque table ou section du multiple contient, en effet, 50 annonciateurs de fin de conversation, à répartir entre 3 téléphonistes.

Le nombre 50 n'étant pas divisible par 3, on a affecté à la téléphoniste de gauche 17 annonciateurs, 16 à celle du milieu, et 17 à celle de droite; outre leur numérotage, on distingue les différents groupes d'annonciateurs de fin de conversation par la coloration de la face interne des volets, alternativement blanche et rouge :

1re réglette	*2e réglette*

1, 2, 3, 4, 5, 6, 7, 8, 9, 10   11, 12, 13, 14, 15, 16, 17   1, 2, 3

            volets blancs   volets rouges

3e réglette   *4e réglette*

4, 5, 6, 7, 8, 9, 10, 11, 12, 13   14, 15, 16,   1, 2, 3, 4, 5, 6, 7

       volets rouges   volets blancs

5e réglette

8, 9, 10, 11, 12, 13, 14, 15, 16, 17

       volets blancs

Les clés d'écoute, les paires de clés d'appel, les paires de fiches sont affectées de la même manière aux trois téléphonistes d'une même table, savoir : 17 à la téléphoniste de gauche, 16 à la téléphoniste du milieu, 17 à la téléphoniste de droite.

Chacune de ces téléphonistes a devant elle un microphone suspendu *m* (*fig.* 26). Une mâchoire *c* lui permet de placer son récepteur dans le circuit; enfin, un bouton de conversation C' la met en relation avec la 2e table intermédiaire.

Tables des lignes auxiliaires d'arrivée (*fig.* 28). — Les lignes auxiliaires d'arrivée ne sont pourvues d'un annonciateur d'appel qu'au bureau d'arrivée. Dans ce bureau, elles servent uniquement à recevoir les demandes de communication

émanant des autres bureaux centraux où elles sont considérées
comme des lignes auxiliaires de départ. Comme tous les bureaux centraux sont reliés entre eux, deux à deux, il est clair
que le bureau d'arrivée, quel qu'il soit, ne recevra, par l'intermédiaire d'une ligne auxiliaire d'arrivée, que des demandes
de communication pour son propre tableau multiple sur lequel
il est, par conséquent, inutile de multipler ces lignes.

Au bureau de la rue Gutenberg, les lignes auxiliaires d'arrivée aboutissent directement à 10 tables, à raison de 50 lignes
par table. Ces tables de lignes auxiliaires d'arrivée ne servent
qu'à recevoir des demandes de communication; il a donc été
inutile de les munir de lignes auxiliaires de départ.

L'équipement de chaque table est le suivant :

Grand panneau vertical :

1° 5520 Jacks généraux d'abonnés ;

2° 20 Jacks de service JS.

3° 50 Jacks locaux de lignes auxiliaires d'arrivée A.

Plateau horizontal :

50 paires de fiches avec cordon souple et contrepoids FF'.

Petit panneau vertical :

1° 50 annonciateurs d'appel de lignes auxiliaires d'arrivée A',

2° 50 annonciateurs de fin de conversation Y.

Tablette horizontale :

1° 50 clés d'écoute E.

2° 50 paires de clés d'appel C.

3° 3 boutons de conversation C' (un par téléphoniste).

4° 3 postes d'opérateur, comprenant chacun une mâchoire,
un récepteur, un microphone, etc...

Trois téléphonistes desservent la table; un poste d'opérateur est affecté à chacune d'elles. Comme dans le reste du
multiple, les paires de fiches et tous les organes qui en dépendent sont répartis par groupes de 17, 16 et 17.

Tables des lignes suburbaines *(fig. 29)*. — Les trois tables
de lignes suburbaines sont équipées chacune pour quarante
lignes.

Grand panneau vertical :

1° 5520 Jacks généraux d'abonnés ;

2° 20 Jacks de service JS ;

3° 120 Jacks généraux de lignes suburbaines S multiplage
de toutes les lignes suburbaines ;

4° 500 Jacks généraux de lignes auxiliaires de départ A
(multiplage de toutes les lignes auxiliaires de départ ;

5° 40 Jacks locaux de lignes suburbaines L.

Plateau horizontal :
40 paires de fiches avec cordon souple et contre-poids F F'.
Petit panneau vertical :
1° 40 annonciateurs d'appel de lignes suburbaines S' ;

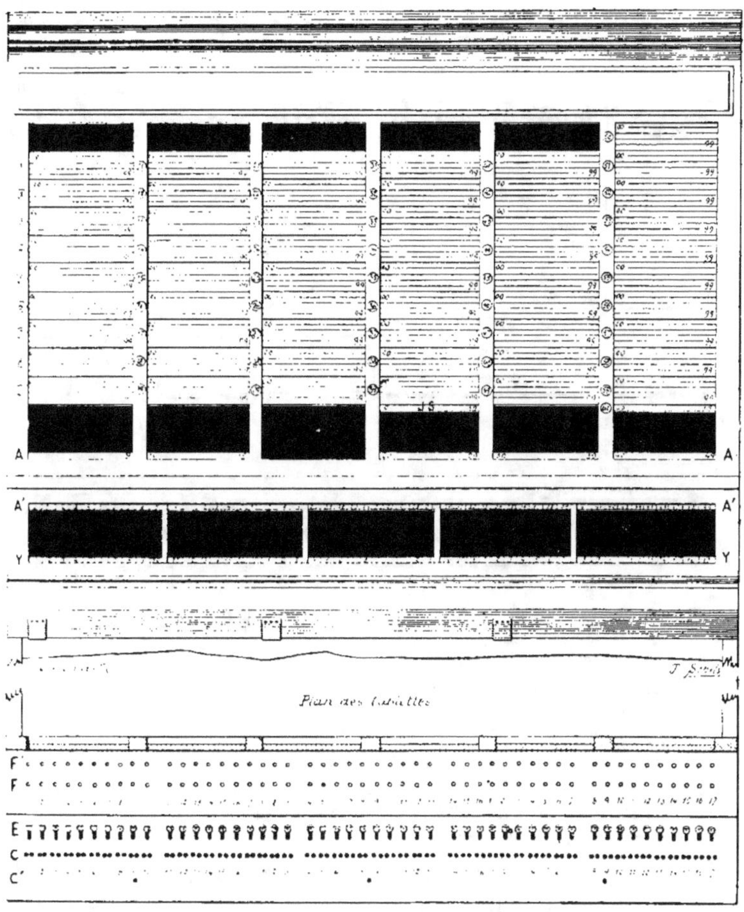

Fig. 28. — Table de lignes auxiliaires d'arrivée, vue de face.

2° 40 annonciateurs de fin de conversation Y.
Tablette horizontale :
1° 40 clés d'écoute E ;
2° 40 paires de clés d'appel, C ;
3° 3 boutons de conversation C' (un par téléphoniste) ;

4° **3 postes d'opérateur**, comprenant chacun une mâchoire, un récepteur, un microphone, etc...

Trois téléphonistes desservent la table; un poste d'opérateur est affecté à chacune d'elles; les paires de fiches et tous les

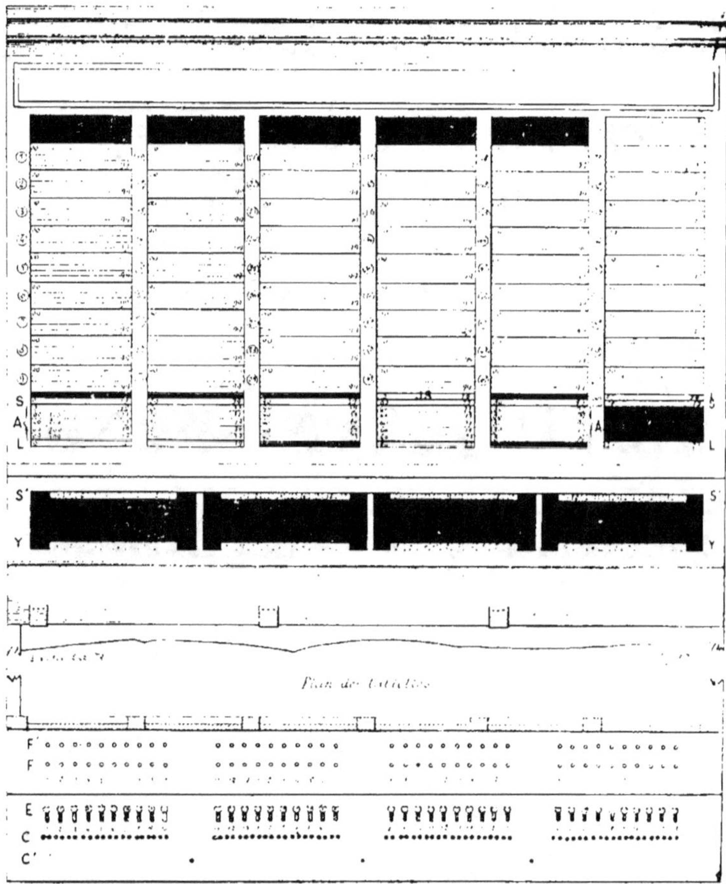

Fig. 29. — Table de lignes suburbaines, vue de face.

organes qui en dépendent sont répartis par groupes de 13, 14 et 13.

Tables des surveillantes *(fig. 30)*. — Ces tables affectent la forme d'un petit bureau.

Sur le panneau vertical se trouvent :

20 Jacks locaux;

2 annonciateurs d'appel (ces annonciateurs correspondent aux deux derniers Jacks qui sont eux-mêmes reliés à deux lignes multipliées) ;

A gauche : 1 mâchoire à 4 contacts, du modèle de la Société industrielle des Téléphones (*fig.* 31).

Fig. 30. — Table de surveillante.

A droite : 1 commutateur de pile.

Sur la table :

1 paire de fiches ;

1 paire de clés d'appel ;

1 poste d'opérateur Berthon-Ader (*fig.* 32) avec une bobine d'induction.

Chaque surveillante contrôle le service de 12 ou 13 téléphonistes, de 20 au besoin. Chacun des Jacks de la table correspond au poste d'opérateur d'une de ces téléphonistes ; une fiche introduite dans le Jack établit la liaison entre la téléphoniste et la surveillante.

La fiche à 4 lames de l'appareil d'opérateur reste habituellement enfoncée dans la mâchoire ; le commutateur de pile a pour objet d'interrompre à volonté le circuit de la pile microphonique sans qu'il soit nécessaire de retirer de la mâchoire la fiche à 4 lames qui y est introduite.

Chaque surveillante peut être appelée comme un abonné ordinaire, en utilisant la ligne du multiple qui aboutit à l'annonciateur d'appel de la table de surveillante. Les téléphonistes et les surveillantes peuvent donc aisément entrer en relation. D'autre part, la ligne de liaison ayant un annonciateur d'appel dans le multiple, la surveillante pourra appeler et demander la communica-

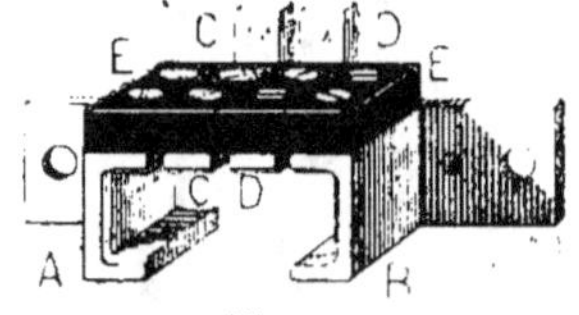

Fig. 31.
Mâchoire à quatre contacts.

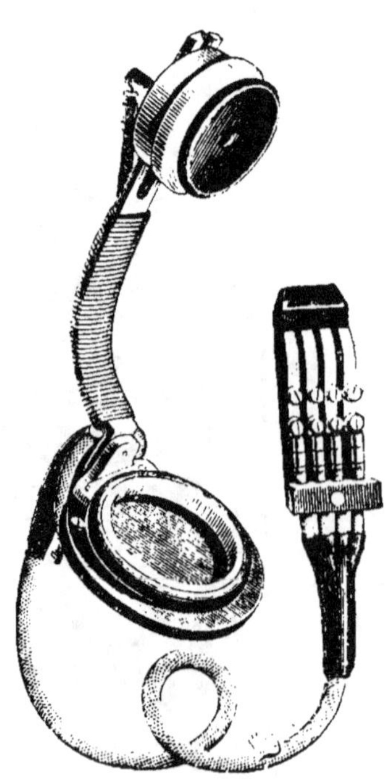

Fig. 32.
Appareil d'opérateur Berthon-Ader.

tion avec toutes les lignes du multiple.

Tables des lignes interurbaines *fig.* 33 et 34 . — Ces tables, du type *Standard*, sont doubles ; elles sont desservies par deux téléphonistes. La moitié de gauche est pourvue de Jacks, pour permettre à l'une des téléphonistes d'établir des communications ; la moitié de droite est affectée à la seconde téléphoniste, chargée uniquement d'écouter et de recevoir les demandes de communications.

L'équipement de la table comprend :

Panneau vertical, à gauche :

5 Jacks locaux de lignes interurbaines.

J   1 Jack de service à droite.

5 Jacks de renvoi vers la première table intermédiaire.

$\left.A\right\{$ 5 annonciateurs d'appel pour lignes interurbaines,
1 annonciateur d'appel pour ligne de service (à droite),
10 annonciateurs de fin de conversation.

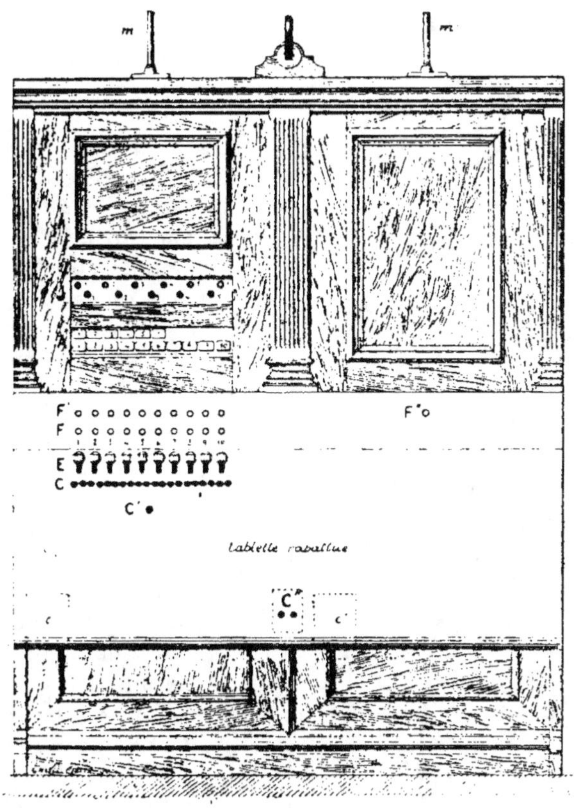

Fig. 33. — Table interurbaine, vue de face.

A droite :
Rien.
Tablette horizontale ou *Keyboard*; à gauche :
10 paires de fiches avec cordon souple et contrepoids FF',
10 clés d'écoute E,
10 paires de clés d'appel C,
1 bouton de conversation C'.
1 poste d'opérateur, comprenant une mâchoire c, un récepteur, un microphone, suspendu en m, une bobine d'induction.
A droite :
1 fiche avec cordon souple F",

1 clé d'appel pour le multiple C″ (bouton de gauche),

1 bouton de conversation vers la première table intermédiaire C‴ (bouton de droite),

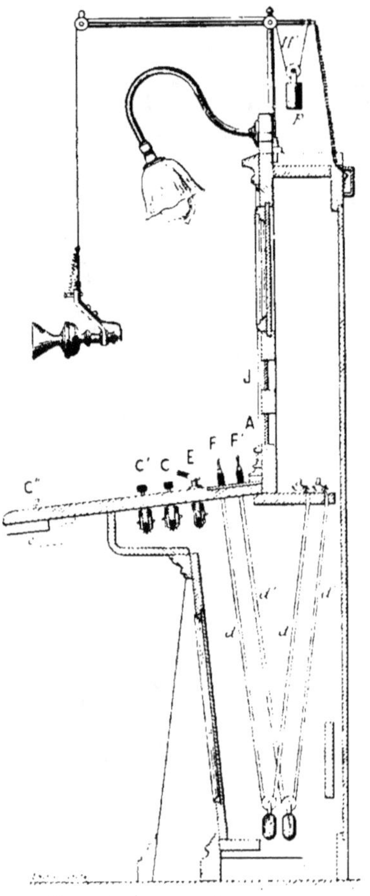

Fig. 34. — Coupe d'une table interurbaine.

1 poste d'opérateur, comprenant une mâchoire e′, un récepteur, un microphone suspendu en m′, une bobine d'induction.

Les 5 Jacks de renvoi sont reliés directement par des câbles aux cordons souples et aux fiches de la première table intermédiaire, de sorte que les 100 fiches de cette table sont, en quelque sorte, les prolongements des 100 Jacks de renvoi (5 × 20) des 20 tables interurbaines.

Chaque table possède une ligne de service spéciale qui correspond à son Jack de service; ces 20 lignes de service sont câblées ensemble tout le long du multiple général et des tables des cabines, et correspondent aux Jacks de service, multiplés, ainsi qu'on l'a vu, dans toutes les tables.

Ainsi, chaque table interurbaine dessert 5 lignes, dispose de 5 lignes de renvoi vers la première table intermédiaire et d'une ligne de service à travers tout le multiple.

La figure 34 montre la coupe d'une de ces tables.

Tables des cabines. — Les tables qui reçoivent les lignes venant des cabines publiques, ressemblent plus encore aux tableaux Standard que les tables pour lignes interurbaines. Ces tables sont au nombre de 10, placées au premier étage de l'hôtel des Téléphones, comme les tables interurbaines; chacune d'elle dessert 15 lignes de cabines.

Le panneau vertical contient :

150 Jacks généraux de lignes de cabines, multiplées sur les 10 tables,

20 Jacks de service communiquant avec les 20 tables interurbaines,

15 Jacks locaux de lignes de cabines,

15 annonciateurs d'appel correspondant aux Jacks locaux,

15 annonciateurs de fin de conversation.

Sur la tablette horizontale, on voit :

15 paires de fiches avec cordons souples,

15 clés d'écoute,

15 paires de clés d'appel,

1 bouton de conversation.

ÉTUDE DES CIRCUITS

Tables générales. — Les 23 tables générales constituent le tableau multiple proprement dit ; les autres installations sont des accessoires, des auxiliaires d'une utilité incontestable, servant à faciliter le service, mais répondant plus spécialement à des cas particuliers ; telles sont les tables intermédiaires, les tables des lignes auxiliaires d'arrivée, les tables suburbaines qui fonctionnent dans des conditions bien définies.

Il nous a semblé rationnel de commencer l'étude des différents circuits du multiple par l'examen du cas le plus général, celui d'un abonné du réseau, relié directement au multiple, demandant la communication avec un autre abonné du réseau également relié directement au multiple. Cela revient à étudier le fonctionnement des tables générales ; nous examinerons ensuite les différents cas particuliers qui peuvent se produire, en décrivant minutieusement, pour chacun d'eux, les opérations à exécuter.

Nous diviserons les différents circuits d'une table générale en :

Circuit d'appel,

Circuit local,

Circuit d'essai,

Circuit de conversation.

Circuit d'appel. — On se souvient qu'il existe, dans chaque table générale ou section du multiple, 5 réglettes composées chacune de 10 clés d'écoute, et 5 réglettes comprenant chacune 10 paires de clés d'appel, soit au total 50 clés d'écoute et 50 paires de clés d'appel pour toute la section. On se rappelle aussi que ces 50 clés d'écoute et ces 50 paires de clés d'appel sont réparties entre les trois téléphonistes de la section à raison de 17 clés d'écoute et 17 paires de clés d'appel pour chacune des téléphonistes des extrémités, et 16 seulement pour la téléphoniste du milieu.

Cela posé, étudions le circuit d'appel. Il faut, avant tout, que, en cas de dérangement dans la source d'électricité, les appels ne soient pas interrompus ; cela a conduit à faire usage de deux batteries d'appel, ainsi que nous l'avons vu plus haut.

Étant donné l'emploi des accumulateurs, il fallait régler leur débit et éviter que, en cas de court circuit, occasionné par un dérangement dans la clé d'écoute ou dans les clés d'appel, un courant trop intense traversât le circuit et, comme conséquence, entraînât la détérioration des cordons souples. En un mot, il a fallu se mettre dans des conditions telles que les cordons souples ne soient jamais traversés par des courants dangereux à un point de vue quelconque. A cet effet, sur les conducteurs unissant les deux pôles des batteries aux clés d'appel, on a réparti, sous forme de bobines, des résistances convenables.

L'ensemble du dispositif d'appel est représenté par la figure 35, où l'on voit tous les organes compris entre les batteries et les fiches qui, introduites dans les Jacks, lanceront le courant sur les lignes d'abonnés ou sur les lignes auxiliaires.

Dans les 1re et 2me tables, seules figurées, les lignes en trait plein, marquées $+ r$, représentent les ressorts extérieurs d'avant des réglettes des clés d'appel, en relation avec le pôle positif de la source d'électricité. Les traits pleins, marqués $- r$, figurent les ressorts extérieurs d'arrière des clés d'appel, en relation avec le pôle négatif de la source d'électricité.

En arrière et à gauche de chaque table ou section, sont installées, sur une planchette verticale, dix bobines S, en fil de maillechort, recouvert de soie. Chacune de ces bobines a une résistance de 10 ohms.

Les bobines sont groupées par paires, alternativement affectées à la première et à la seconde batterie d'accumulateurs ; ainsi, la bobine inférieure de la 1re section reçoit le pôle négatif de la 1re batterie et est reliée à la première réglette $- r$; la seconde bobine, en partant du bas, reçoit le pôle positif de la 1re batterie et est reliée à la première réglette $+ r$; la 1re dizaine de clés d'appel de la 1re table est donc en relation avec la 1re batterie. La 3e bobine, en partant du bas, reçoit le pôle négatif de la 2e batterie et est reliée à la seconde

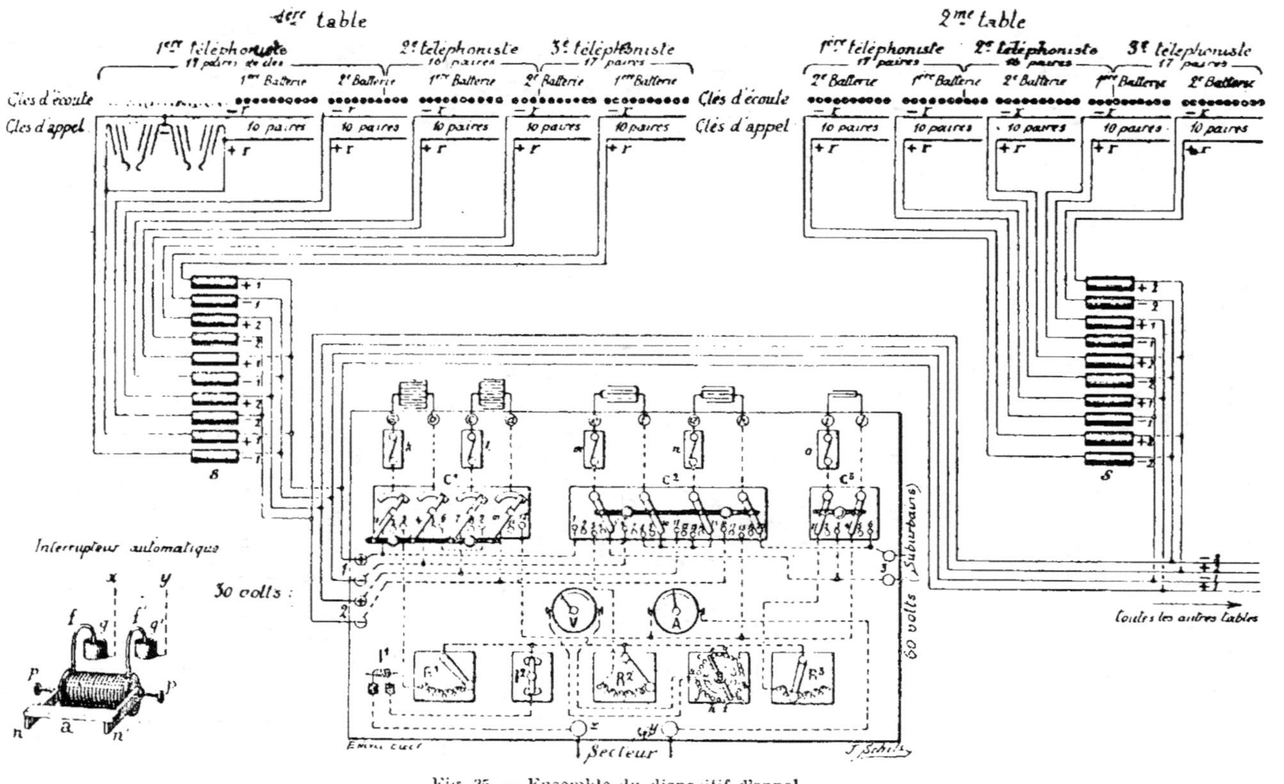

Fig. 35. — Ensemble du dispositif d'appel.

réglette — *r*; la 4ᵉ bobine reçoit le pôle positif de la 2ᵉ batterie
et est reliée à la seconde réglette **+** *r*; la seconde dizaine
de clés d'appel de la 1ʳᵉ table est donc en relation avec la
2ᵉ batterie. Ces communications sont distribuées de la sorte
tout le long du multiple, les réglettes de rang impair étant
reliées à la première batterie, les réglettes de rang pair à la
seconde. On remarquera, à ce sujet, que chaque table comprend cinq réglettes et que, par conséquent, les tables de
rang impair commencent par une réglette de rang impair,
de même que les tables de rang pair commencent par des
réglettes de rang pair.

En résumé, toute téléphoniste, quelle que soit la batterie qui
desserve son poste d'opérateur, a, à sa gauche et à sa droite,
l'autre batterie, à laquelle elle peut puiser à défaut de celle
qui lui est particulièrement affectée. Nous avons vu comment,
au moyen du tableau de distribution, on peut remplacer les
batteries en service par des batteries de rechange.

La liaison des pôles de la batterie avec les ressorts des clés
d'appel est telle que l'on envoie sur la ligne un courant
positif ou un courant négatif, suivant que l'on abaisse l'une ou
l'autre des clés d'appel et que l'on utilise l'une ou l'autre des
fiches de chaque paire. Dans la fiche d'avant, le pôle positif
correspond au corps de la fiche et le pôle négatif à la pointe;
c'est le contraire qui a lieu pour la fiche d'arrière.

Ainsi la clé d'appel de gauche, qui correspond à la fiche
d'arrière, met le pôle négatif de la batterie en relation avec le
corps de la fiche, et le pôle positif avec la pointe; la clé d'appel
de droite, qui correspond à la fiche d'avant, met le pôle négatif
de la batterie en relation avec la pointe de la fiche et le pôle
positif avec le corps.

Lorsqu'un abonné A appelle (*fig.* 36), le courant émis par
sa pile traverse tous les Jacks généraux, le Jack local J et
l'annonciateur d'abonné *l*; le volet de cet annonciateur tombe.

La téléphoniste répond en introduisant la fiche d'arrière F″,
de l'une quelconque des paires mises à sa disposition, dans le
Jack local J de l'abonné appelant, appuie sur la clé d'appel de
gauche Cˡ et abaisse sa clé d'écoute E pour se mettre en relation avec son client. On voit que le pôle positif de la batterie
communique avec le conducteur *b′* du cordon souple de la
fiche F″, et le pôle négatif, avec le conducteur *a′*; le courant
traverse la fiche, le Jack J, la ligne, et arrive au poste de
l'abonné A dont il fait fonctionner la sonnerie.

Dans la pratique, on ne répond généralement pas à l'appel

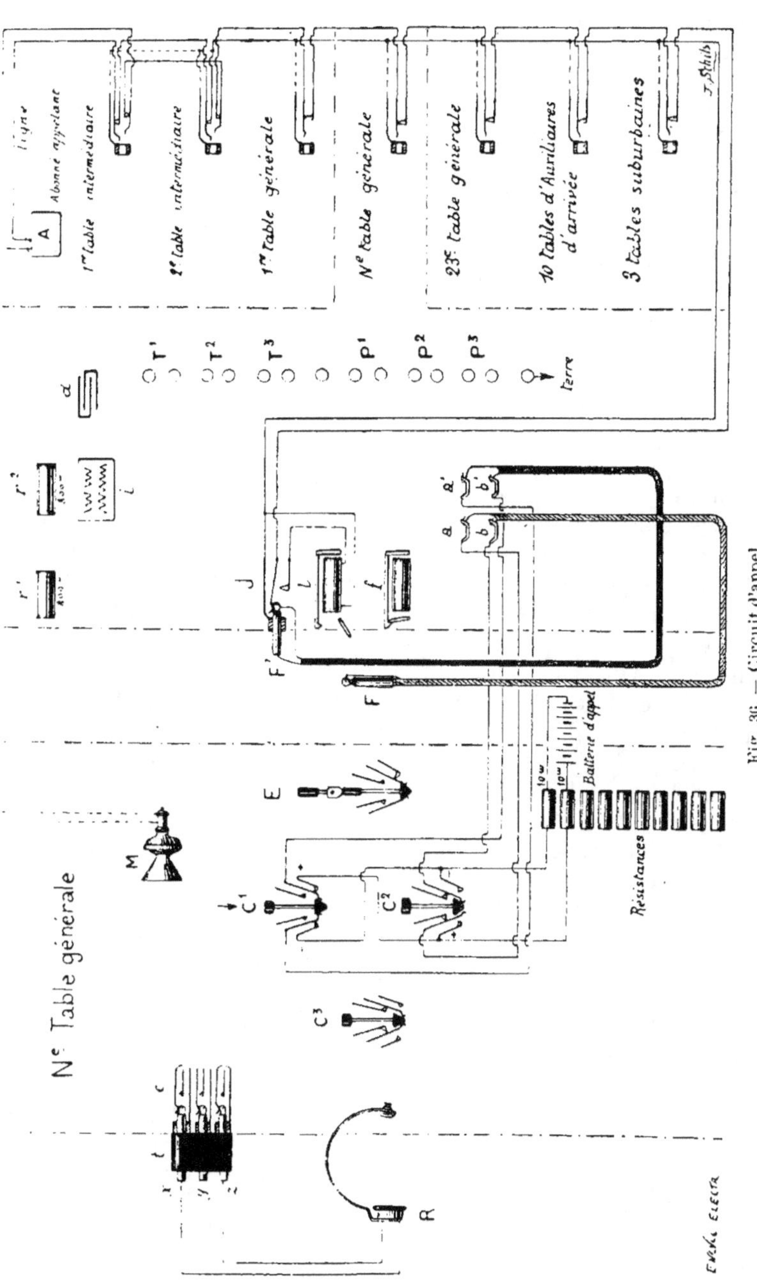

Fig. 36. — Circuit d'appel.

de l'abonné par l'envoi d'un courant; la téléphoniste se contente d'abaisser sa clé d'écoute et de se mettre verbalement en relation avec lui.

Circuit local (*fig.* 38.) — La clé d'écoute E étant abaissée, et la triple fiche *t* du récepteur R étant enfoncée dans la mâchoire c, l'ensemble du poste d'opérateur est dans le circuit.

En effet, le circuit primaire est fermé par :

Pile microphonique P¹, *microphone* M, *fil primaire de la bobine d'induction* i, *Jack du milieu de la mâchoire c par l'intermédiaire de la fiche* y.

Le circuit secondaire comprend :

Poste et ligne de l'abonné A, *Jack local* J, *fiche d'arrière* F², *clé d'appel* C¹ *au repos, clé d'écoute* E *abaissée, condensateur* d, *fil secondaire de la bobine d'induction* i, *mâchoire c, fiches* x *et* z, *récepteur* R.

Dès que la téléphoniste a reçu la commande de l'abonné appelant, elle se préoccupe d'établir la communication. Il peut s'agir d'un abonné desservi par le multiple, d'un abonné desservi par un autre bureau, d'une ligne suburbaine, d'une ligne interurbaine, d'une ligne de cabine. Prenons le cas le plus simple : celui d'un abonné desservi par le multiple.

La ligne demandée est libre ou ne l'est pas. En effet, la téléphoniste voit facilement que le Jack général de la ligne demandée, placé dans sa section, est inoccupé; mais, comme un Jack semblable se trouve dans chacune des autres sections, la ligne peut se trouver occupée à son insu; il y a donc lieu, avant d'établir la communication, de procéder à un essai.

Circuit d'essai (*fig.* 38). — L'essai consiste à s'assurer, avant d'établir la communication, que la ligne est libre, c'est-à-dire qu'aucune fiche n'est placée dans un des Jacks de cette ligne.

Principe. — *Toute fiche introduite dans un quelconque des Jacks d'une ligne met les canons ou les tests de tous les Jacks de cette ligne en relation avec le pôle positif d'une pile, dite pile d'essai, dont le pôle négatif est à la terre.* Ainsi, en introduisant la fiche F² dans le Jack local J, la téléphoniste a mis tous les canons des Jacks de la ligne A en relation avec le pôle positif de la pile d'essai p, dont le pôle négatif est à la terre; de même, la fiche F¹, introduite, à une autre table, dans un des Jacks généraux de la ligne B, a mis en relation avec le pôle positif de la pile d'essai p' tous les tests des Jacks généraux et le test du Jack local de cette ligne B.

Si, par un procédé quelconque, nous mettons l'un de ces tests à la terre, le circuit de la pile d'essai sera fermé.

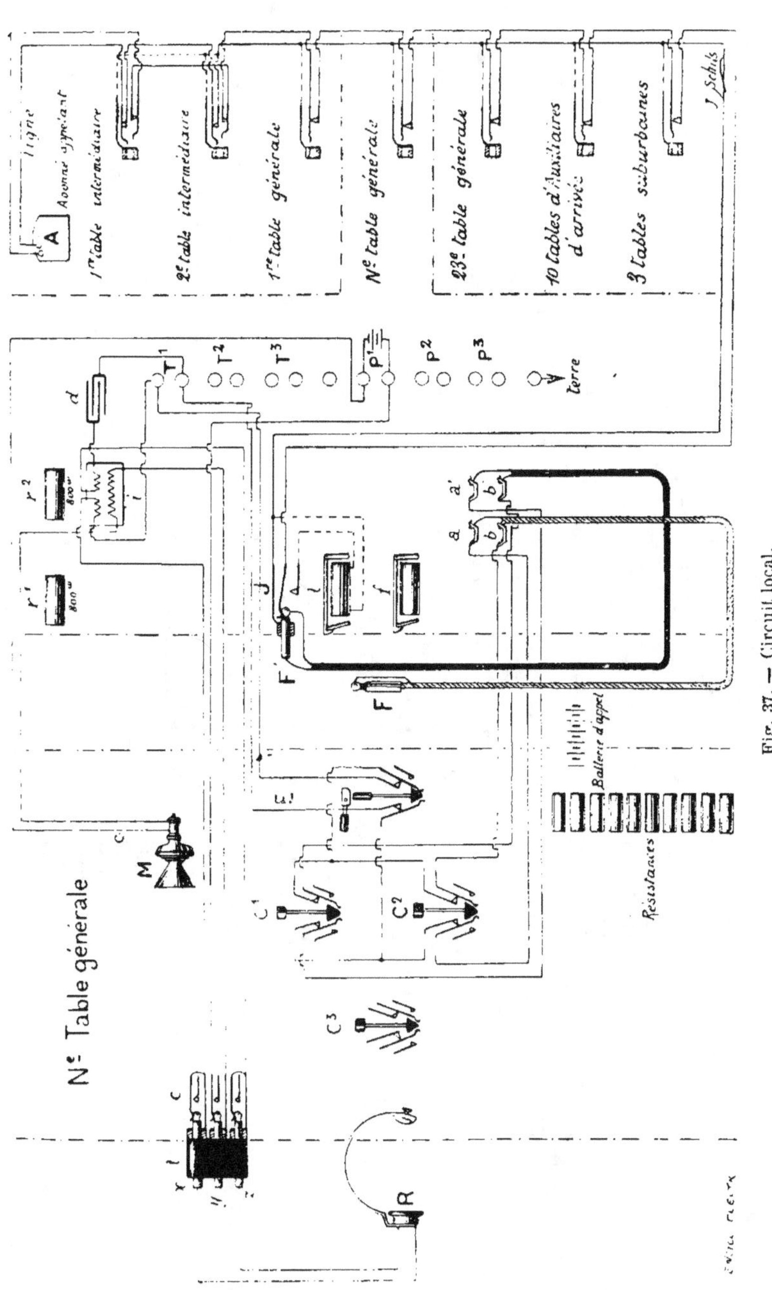

Fig. 37. — Circuit local.

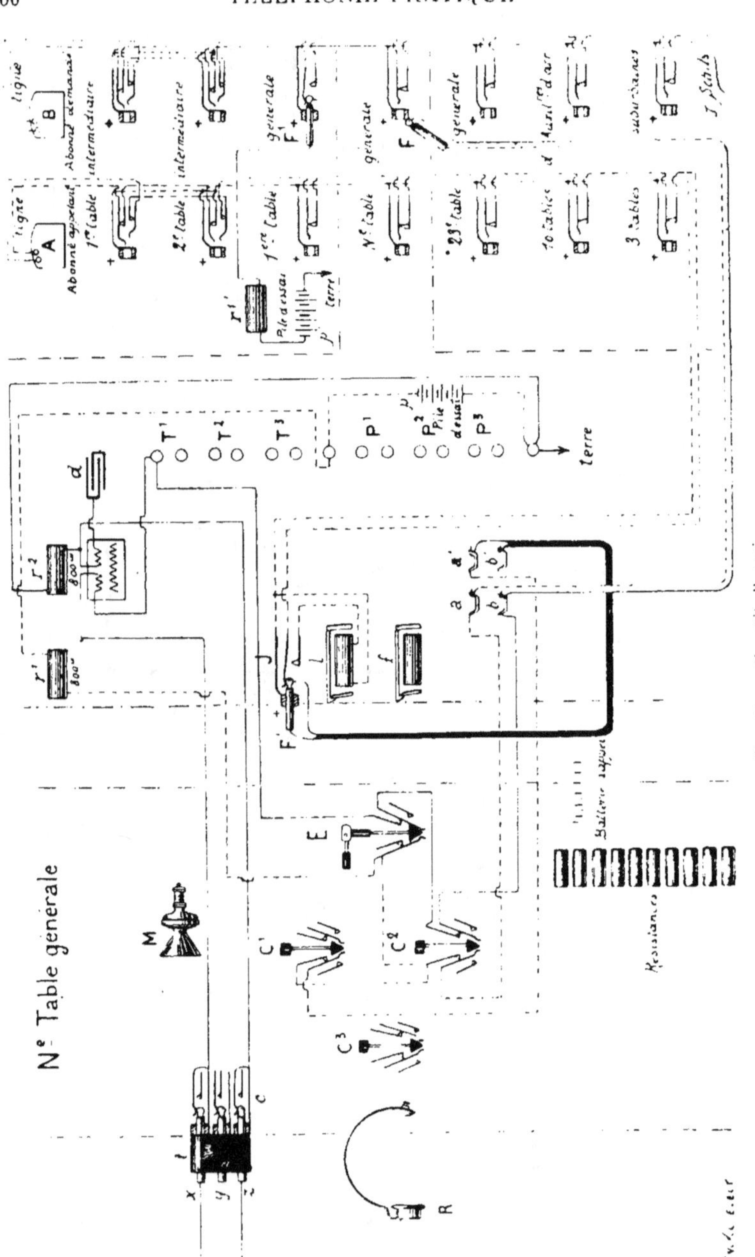

Fig. 38. — Circuit d'essai.

Dans chaque paire de fiches, le corps de la fiche est en relation avec le pôle positif de la pile d'essai; la pointe est reliée à la terre par l'intermédiaire du récepteur du poste d'opérateur. Si, par conséquent, avec la pointe d'une fiche on touche un test communiquant avec le pôle positif d'une pile d'essai, le circuit de cette pile sera fermé à travers le récepteur qui fera entendre un bruit sec et bien caractéristique, produit par le passage du courant.

Pour procéder à l'essai de la ligne B, demandée par A, la téléphoniste, après avoir enfoncé la fiche d'arrière F' dans le Jack local J de A, saisit la fiche d'avant F de la même paire et, avec la pointe de cette fiche, touche, à plusieurs reprises, le test du Jack général de B placé dans sa section. Si la ligne est occupée, elle perçoit dans son récepteur autant de tocs qu'elle a touché de fois le test; si la ligne est libre, le téléphone ne reproduit aucun bruit anormal.

Dans la section qui utilise la ligne (1re table générale sur la figure 38), le circuit d'essai comprend : la pile d'essai p', la bobine de retard r'', la clé d'écoute et les clés d'appel qui ne sont pas figurées, le corps de la fiche F', le test du Jack général F'$+$. Dans la section qui essaie la ligne (N^e table générale sur la figure 38), le circuit d'essai comprend : le Jack général essayé F$+$, la pointe de la fiche d'avant F, le conducteur b, la clé d'appel C^2 et la clé d'écoute E, le circuit secondaire de la bobine d'induction i, le récepteur R, la bobine de retard r^2 et la terre. A l'intérieur du multiple, le circuit d'essai est complété par le conducteur figuré en trait plein, qui joint les tests des Jacks F'$+$ et F$+$.

En résumé, pour voir si la ligne demandée est libre ou occupée, la téléphoniste touche, avec la pointe de sa fiche, le test du Jack qui, dans sa section, représente la ligne considérée. Si aucun bruit anormal ne se fait entendre dans son récepteur, c'est que la ligne est libre; la communication peut alors être établie, en enfonçant à fond la fiche dans le Jack; si la téléphoniste perçoit un toc dans son récepteur, c'est qu'une fiche est placée dans un des Jacks de la ligne et que celle-ci est occupée. L'abonné appelant en est avisé.

Circuit de conversation (*fig.* 39). — Par circuit de conversation, nous entendons celui qui est formé par deux lignes d'abonnés, mises en relation par l'intermédiaire du commutateur multiple. Ce circuit comprend les deux postes et les deux lignes d'abonnés, une des paires de fiches de la téléphoniste qui a établi la liaison, les deux clés d'appel, la clé d'écoute et

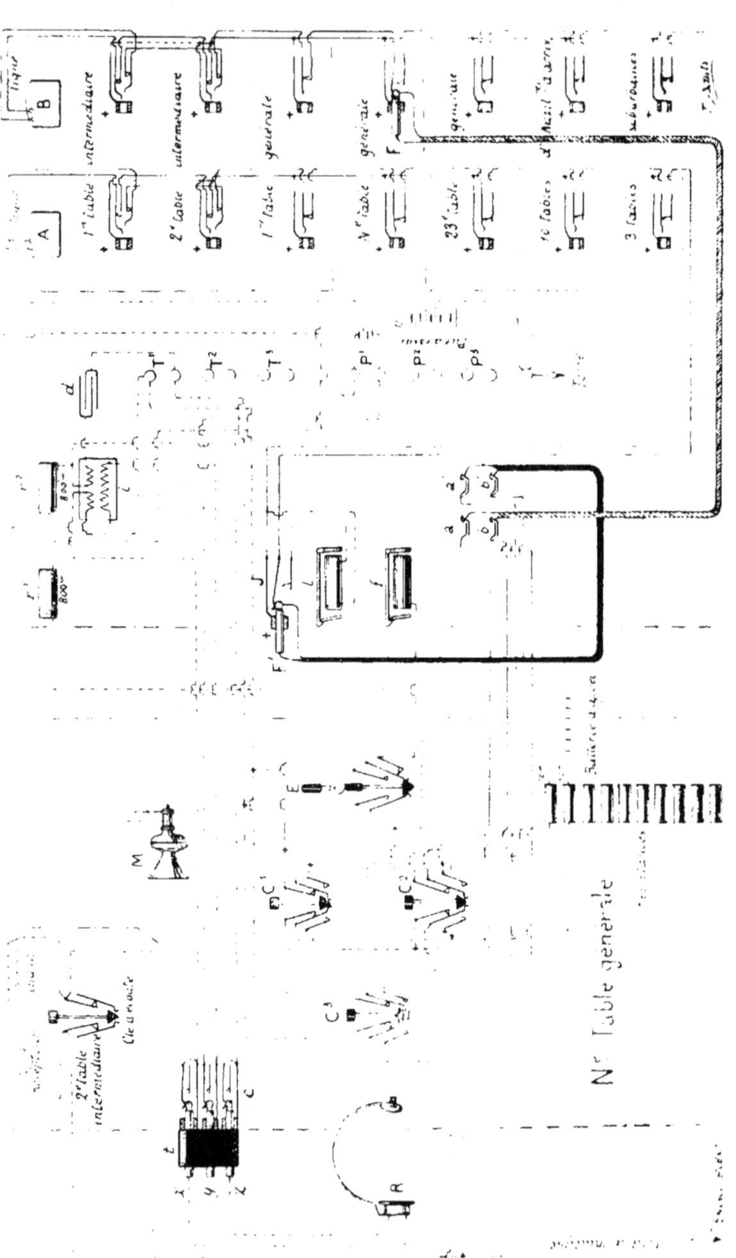

Fig. 31. — Circuit de conversation.

l'annonciateur de fin de conversation, en relation avec cette paire de fiches. Ce circuit est représenté par un trait plein, tandis que les autres communications du poste sont tracées par des lignes pointillées.

Dans ces conditions, la clé d'écoute est au repos, mais en l'abaissant, la téléphoniste peut toujours placer son appareil d'opérateur en dérivation sur le circuit et se mettre en rapport avec les deux interlocuteurs.

A l'appel de l'abonné A, la téléphoniste a placé la fiche d'arrière F' dans le Jack local J de cet abonné; elle a abaissé la clé d'écoute E et a pris l'ordre de l'abonné A, qui a demandé à communiquer avec B. La téléphoniste a essayé la ligne B par le procédé que nous venons d'indiquer et, la ligne étant reconnue libre, elle a enfoncé la fiche d'avant F dans le Jack général de B, puis, appuyant sur la clé d'appel C², elle a sonné l'abonné B. La clé d'écoute E a été relevée et les abonnés A et B sont restés en communication directe, avec l'annonciateur de fin de conversation f en dérivation. La téléphoniste relève alors le volet de l'annonciateur local l de l'abonné A.

La conversation terminée, l'abonné qui a demandé la communication presse sur son bouton d'appel; le courant de sa pile traverse l'annonciateur de fin de conversation f dont le volet tombe. En rentrant sur la ligne, c'est-à-dire en abaissant sa clé d'écoute E, la téléphoniste s'assure que la conversation est terminée; elle interrompt alors la communication en retirant les deux fiches et relève le volet de l'annonciateur de fin de conversation f.

Nous avons envisagé le cas d'un abonné dont la ligne aboutit directement au commutateur multiple; si cet abonné était relié à un autre bureau, les choses se passeraient de la même manière; en effet, les 500 lignes auxiliaires de départ, réunissant le commutateur aux différents bureaux centraux, sont multiplées dans les 23 sections; la téléphoniste opérera donc comme dans le cas précédent: elle essaiera les différentes lignes auxiliaires de départ, allant vers le bureau central qui dessert l'abonné demandé, jusqu'à ce qu'elle en ait trouvé une libre; elle appellera par cette ligne le bureau central et établira la communication, dès qu'elle se sera mise en rapport avec le dit abonné.

Ainsi, tout abonné relié au multiple est mis en communication avec l'abonné de Paris qu'il demande, soit directement, soit par l'intermédiaire d'une ligne auxiliaire de départ, suivant qu'il est lui-même relié directement au multiple ou à un autre bureau central.

L'abonné appelant demande à communiquer avec une ligne suburbaine : La téléphoniste de la table sur laquelle se produit l'appel est forcée d'avoir recours à la deuxième table intermédiaire, dans laquelle sont multiplées les lignes suburbaines.

A cet effet, elle se met en relation avec sa camarade de la table intermédiaire, en appuyant sur son bouton de conversation C^3, et lui communique l'ordre qu'elle a reçu. C'est à la téléphoniste de la deuxième table intermédiaire qu'incombe le soin d'établir et de rompre la communication.

L'abonné appelant demande à communiquer avec une ligne interurbaine :

Par son Jack de service interurbain, la téléphoniste qui a reçu la demande de communication se met en relation avec la table interurbaine desservant la ligne demandée.

Si la ligne est libre, la téléphoniste de droite de cette table fait établir la communication par la première table intermédiaire, ainsi que nous l'expliquerons plus loin ; si la ligne est occupée, elle prend note de la demande et indique le numéro d'ordre et l'heure approximative à laquelle la communication pourra être donnée.

C'est par des Jacks de service spéciaux que les téléphonistes se mettent en relation avec les surveillantes.

En résumé, l'exploitation des tables générales peut donner lieu aux manœuvres suivantes :

Manœuvres : A. Un abonné ayant son Jack local dans la table N peut demander :

    a) Un abonné desservi directement par le multiple,
    b) Un abonné desservi par un des bureaux centraux de Paris,
    c) Une ligne suburbaine,
    d) Une ligne interurbaine,
    e) Une ligne de cabine.

a) C'est le cas que nous venons d'étudier. A l'appel de l'abonné, le volet de son annonciateur tombe. La téléphoniste introduit une fiche d'arrière dans le Jack local, abaisse la clé d'écoute reliée à cette fiche, répond à l'abonné en le sonnant au besoin, prend son ordre, essaie la ligne demandée et, si elle est libre, enfonce la fiche d'avant dans le Jack général de cette ligne. La communication est établie, avec l'annonciateur de fin de conversation dans le circuit. La téléphoniste relève alors sa clé d'écoute et le volet de l'annonciateur. Lorsque le

POSITION DES FICHES ET DES CORDONS LORSQUE LA COMMUNICATION
EST ÉTABLIE ENTRE DEUX ABONNÉS

(Gravure communiquée par le journal l'Illustration).

signal de fin de conversation est donné par les abonnés mis en communication, le volet de l'annonciateur de fin de conversation tombe. La téléphoniste rentre sur la ligne en abaissant sa clé d'écoute, et s'informe si la conversation est réellement finie, en prononçant le mot *terminé* sur le ton de l'interrogation. Si elle ne reçoit pas de réponse, elle retire les fiches, relève sa clé d'écoute et le volet de l'annonciateur de fin de conversation.

Dans le cas où le volet de l'annonciateur de fin de conversation ne tomberait pas, après un certain délai, la téléphoniste devrait rentrer sur la ligne et s'assurer que la conversation est ou n'est pas terminée. Il peut se faire, en effet, que les correspondants aient omis de donner le signal de fin de conversation.

b] Les choses se passent comme dans le cas précédent, à cette exception près, que la téléphoniste, au lieu d'essayer et de relier une ligne d'abonné, essaie et relie une des lignes auxiliaires de départ communiquant avec le bureau central qui dessert l'abonné demandé.

c] A l'appel de l'abonné, et après avoir pris son ordre, la téléphoniste appuie sur le bouton de conversation qui la met en relation avec la 2ᵉ table intermédiaire. En effet, tous les postes d'opérateur du multiple (tables générales, tables de lignes auxiliaires d'arrivée, tables de lignes suburbaines), sont reliés par des boutons de conversation aux postes d'opérateur de la 2ᵉ table intermédiaire. Les postes de gauche des tables générales, des tables de lignes auxiliaires d'arrivée, des tables de lignes suburbaines, sont reliés au poste de gauche de la 2ᵉ table intermédiaire, les postes du milieu au poste du milieu, les postes de droite au poste de droite.

La téléphoniste communique verbalement à sa camarade de la 2ᵉ table intermédiaire l'ordre qu'elle a reçu, et celle-ci, qui a devant elle toutes les lignes suburbaines multiplées, reste chargée de l'exécuter.

d] On se rappelle que 20 lignes de service, communiquant chacune à une des tables interurbaines, sont multiplées sur toutes les tables.

Une de ces lignes de service communique avec la table interurbaine qui dessert la ligne demandée. C'est par cette ligne de service, préalablement essayée, que la téléphoniste se met en relation avec la téléphoniste de droite de la table interurbaine. Pour cela, elle enfonce une fiche dans le jack de la ligne de service, abaisse sa clé d'écoute et transmet verbalement son ordre à sa camarade. Celle-ci, le cas échéant, fait établir la communication ou bien enregistre la demande et fait connaître son numéro de série, les lignes de cabines étant multipliées.

e) Même manœuvre qu'au § *c*, sur la 2e table intermédiaire, dont les téléphonistes restent chargées d'établir et de rompre la communication.

B. Un abonné ayant son Jack local dans la table N peut être demandé par :

    f) Un abonné desservi directement par le multiple,

    g) Un abonné desservi par un des bureaux centraux de Paris,

    h) Une ligne suburbaine,

    i) Une ligne interurbaine,

    j) Une ligne de cabine.

f) La téléphoniste de la table à laquelle s'est produit l'appel procède comme au § *a*; elle introduit une fiche d'arrière dans le Jack de l'abonné appelant et la fiche d'avant, de la même paire, dans le Jack général de l'abonné appelé, Jack qui se trouve toujours à sa portée, par suite du multiplage sur toutes les tables.

g) Dans ce cas, l'appel ne peut provenir que de l'une des tables des lignes auxiliaires d'arrivée. La téléphoniste de cette table procède comme au § *a*, en mettant une fiche dans le Jack local de la ligne auxiliaire d'où provient l'appel, et l'autre fiche dans le Jack général de l'abonné appelé.

h) La téléphoniste de la table suburbaine qui a reçu l'appel, agit comme au § *a* et établit directement la communication.

i) L'appel parvient à une des tables interurbaines du premier étage. Celle-ci se met en relation avec la téléphoniste de la première table intermédiaire qui établit la communication. Le signal de fin de conversation arrive à la table interurbaine qui donne l'ordre à la téléphoniste de la première table intermédiaire de rompre la communication.

j) — C'est encore au premier étage, à l'une des tables des lignes de cabines que parvient l'appel. La téléphoniste de cette table s'adresse à sa camarade de la deuxième table intermédiaire, qui établit la communication et est également chargée de la rompre, le signal de fin de conversation lui parvenant directement.

Tables des lignes auxiliaires d'arrivée. — Les tables des lignes auxiliaires d'arrivée comportent, en fait de Jacks : 1° les Jacks locaux de ces lignes, à raison de 50 par table;

2° les Jacks généraux de tous les abonnés, multiplés dans les 10 tables; 3° 20 Jacks de service de lignes interurbaines, également multiplés dans les 10 tables. Les lignes auxiliaires de départ ne sont pas représentées sur ces tables qui reçoivent les demandes des bureaux centraux de Paris sans avoir à leur en transmettre. En somme, l'installation est analogue à celle des tables générales, à cette différence près que les téléphonistes reçoivent et exécutent les demandes des bureaux de Paris, au lieu d'avoir affaire directement aux abonnés appelants. Chaque ligne auxiliaire d'arrivée a son Jack local sur une des 10 tables, comme chaque abonné, relié directement au multiple, a son Jack local dans une des 23 tables générales. Les Jacks de tous les abonnés étant multiplés au-dessus des Jacks locaux des lignes auxiliaires d'arrivée, les communications demandées peuvent être aisément établies.

Manœuvres : A'. — Une ligne auxiliaire d'arrivée peut demander :

a'] Un abonné desservi directement par le multiple.

b'] (Un abonné desservi par un des bureaux centraux de Paris ne sera jamais demandé par une des lignes auxiliaires d'arrivée, ces bureaux communiquant directement entre eux par les lignes auxiliaires qui leur sont propres),

c'] Une ligne suburbaine,

d'] Une ligne interurbaine,

e'] Une ligne de cabine.

a'] Même manœuvre qu'au § a.

b'] Ce cas ne peut se produire.

c'] Même manœuvre qu'au § c.

d'] Même manœuvre qu'au § d.

e'] Même manœuvre qu'au § e.

B'. — Une ligne auxiliaire d'arrivée ne peut être demandée par personne; toute demande de communication avec un bureau central de Paris est exécutée par les lignes auxiliaires de départ.

Tables des lignes suburbaines. — Sur les tables des lignes suburbaines, les Jacks des abonnés, ainsi que ceux des lignes auxiliaires de départ et ceux des lignes suburbaines, sont multiplés. La disposition des circuits est d'ailleurs la même que celle des tables générales et des tables de lignes auxiliaires d'arrivée.

Cette disposition permet aux téléphonistes des trois tables d'établir les communications suivantes :

Manœuvres : A². — Une ligne suburbaine peut demander :

a²] Un abonné desservi directement par le multiple,

b²] Un abonné desservi par un des bureaux centraux de Paris,

c²] Une ligne suburbaine,

d²] Une ligne interurbaine,

e²] Une ligne de cabine.

a²] Même manœuvre qu'au § a,

b²] Même manœuvre qu'au § b,

c²] La table suburbaine, qui a reçu l'appel, établit directement la communication, comme s'il s'agissait d'un abonné. Une fiche d'arrière est placée dans le Jack local de la ligne qui a appelé; la fiche d'avant est enfoncée, après essai de la ligne, dans le Jack général de la ligne suburbaine demandée.

d²] Même manœuvre qu'au § d.

e²] Même manœuvre qu'au § e.

B² Une ligne suburbaine peut être demandée par :

f²] Un abonné desservi directement par le multiple,

g²] Un abonné desservi par un des bureaux centraux de Paris,

h²] Une ligne suburbaine,

i²] Une ligne interurbaine,

j²] Une ligne de cabine.

f²] C'est le cas que nous avons déjà étudié au § c.

g²] C'est le cas déjà examiné au § c'; l'appel se produit à une des tables des lignes auxiliaires d'arrivée; la communication est donnée par la 2ᵉ table intermédiaire.

h²] Même manœuvre qu'au § c².

i²] L'appel se produit à une des tables interurbaines; c'est la 1ʳᵉ table intermédiaire qui établit la communication; les tables des lignes suburbaines n'interviennent pas.

j²] L'appel provient d'une des tables de cabines; la communication est établie et rompue par la 2ᵉ table intermédiaire, sans que les tables des lignes suburbaines aient à s'en mêler, et sans même qu'elles le soupçonnent.

Tables des lignes interurbaines et 1ʳᵉ table intermédiaire. — Les 20 tables de lignes interurbaines et la 1ʳᵉ table intermédiaire forment, en quelque sorte, un tout, divisé en deux parties, dont l'une est située au 1ᵉʳ étage, l'autre au 2ᵉ. Les téléphonistes des tables interurbaines reçoivent les demandes de communication et les transmettent aux téléphonistes de la 1ʳᵉ table intermédiaire qui les exécutent.

La figure 40 montre la disposition schématique d'une table

interurbaine; toutes sont montées d'une façon identique.

Les 5 lignes interurbaines que dessert la table arrivent direc tement de la rosace, située au rez-de-chaussée, par les fils fff; elles aboutissent aux 5 Jacks locaux J^1 et aux annonciateurs d'appel A^2. Au-dessus de cette première rangée de Jacks se

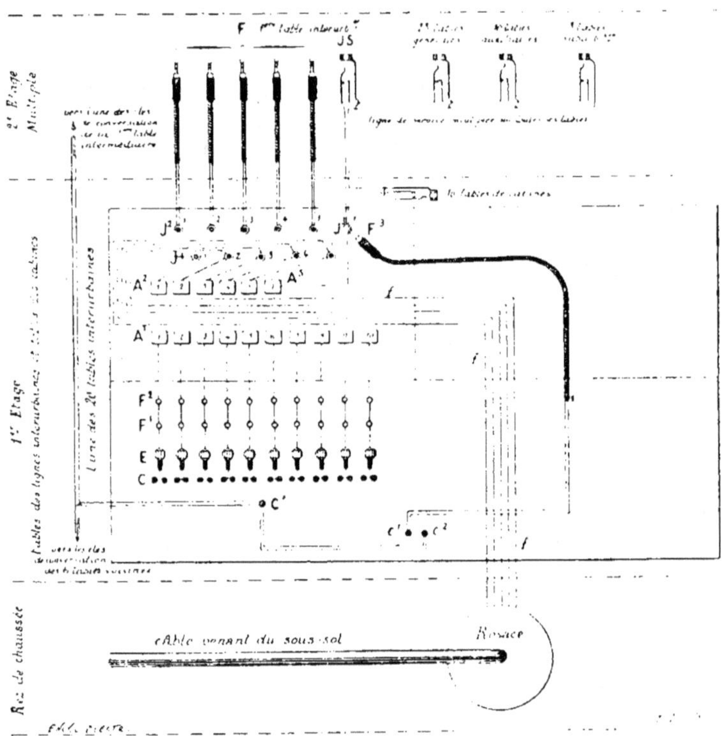

Fig. 40. — Schéma d'une table de lignes interurbaines.

trouvent 5 Jacks de renvoi J^2. Un Jack de service J^3, pourvu d'un annonciateur d'appel A^3, est placé à droite des Jacks de renvoi et sur le même alignement.

Les Jacks de renvoi communiquent directement, et sans organes intermédiaires, avec les cordons souples et les fiches F^1 de la 1re table intermédiaire, par des lignes qui montent au 2e étage. Les 100 fiches de la 1re table intermédiaire sont donc les prolongements des 100 Jacks de renvoi des 20 tables interurbaines.

Le Jack de service J^3 correspond avec l'une des lignes de service interurbain multiplées dans tout le commutateur.

Le circuit local comprend 10 paires de fiches $F^1 F^2$, avec 10 clés d'écoute E, 10 paires de clés d'appel C et 10 annonciateurs de fin de conversation A^1.

Tous ces organes sont affectés à la téléphoniste de gauche, sauf le Jack de service réservé à la téléphoniste de droite.

La téléphoniste de gauche possède en outre un bouton de conversation C', qui la met en relation directe avec la 1re table intermédiaire.

La téléphoniste de droite dispose d'une fiche F^3, d'un cordon de service (habituellement dans le Jack de service J^3), d'une clé d'appel c^1, correspondant à ce cordon, et d'un bouton de conversation c^2, relié à la 1re table intermédiaire.

Chacune des deux téléphonistes a, en outre, à sa disposition un poste complet d'opérateur.

La figure 41 montre la disposition des circuits dans une table de lignes interurbaines et leurs connexions avec l'installation de la 1re table intermédiaire. Les postes d'opérateur des deux téléphonistes de la table interurbaine ont été représentés, mais, pour simplifier, on s'est contenté de figurer une seule paire de fiches, une seule paire de clés d'appel, une seule clé d'écoute et un seul annonciateur de fin de conversation. De même, notre dessin ne comporte qu'un seul Jack local interurbain, avec son annonciateur d'appel, et un seul Jack de renvoi.

Dans la table intermédiaire, située en haut de la figure, on n'a également dessiné qu'une des cent fiches utilisées et le poste complet de l'une des téléphonistes desservant la table; les postes des deux autres téléphonistes sont raccordés aux bornes P^2, P^3, M^2, M^3.

Les 20 tables interurbaines sont réparties par groupes de 7, 6 et 7 entre les trois téléphonistes de la 1re table intermédiaire, c'est pour cela que les contacts externes du bouton C' sont reliés aux mêmes contacts de 5 ou 6 tables interurbaines voisines; ainsi, la téléphoniste de gauche de la 1re table intermédiaire dessert les tables interurbaines numérotées de 0 à 6, la téléphoniste du milieu dessert les tables de 7 à 12 et la téléphoniste de droite les tables de 13 à 19.

L'appel des 5 lignes interurbaines aboutissant à une table donnée parvient à la téléphoniste de gauche; les demandes de communication avec une ligne interurbaine, provenant du multiple, sont reçues et enregistrées par la téléphoniste de droite.

L'appel de la ligne interurbaine détermine la chute du volet de l'annonciateur correspondant : la téléphoniste de gauche enfonce sa fiche d'arrière dans le Jack local de la ligne appelant, abaisse sa clé d'écoute, presse le bouton de la clé d'appel de gauche, pour répondre, et est ainsi en relation avec le bureau de province qui a appelé.

En abaissant la clé d'appel de gauche C', la téléphoniste met les deux pôles de la batterie d'appel D en relation avec les conducteurs a', b' de la fiche d'arrière F^2; cette fiche étant enfoncée dans le Jack local J', le courant traverse la ligne interurbaine jusqu'au poste d'arrivée.

En abaissant la clé d'écoute E, la téléphoniste introduit dans le circuit son poste d'opérateur, la triple fiche t du récepteur R étant engagée dans la mâchoire m. Le circuit secondaire de la bobine d'induction n'est pas sectionné comme dans les bobines des tables générales; on voit que le circuit primaire qui contient la pile microphonique p et le microphone M est fermé par la tige du milieu y de la fiche à trois branches du récepteur R; d'autre part, le récepteur lui-même est mis en relation avec le circuit secondaire de la bobine d'induction i, les conducteurs du cordon souple de la fiche F^2, le Jack local J' et la ligne interurbaine. La téléphoniste de gauche peut donc prendre les ordres du bureau qui a appelé; pour exécuter cet ordre et établir la communication demandée, elle est obligée d'avoir recours à sa camarade de la table intermédiaire, située au second étage, à l'entrée du multiple général.

En pressant le bouton de conversation C', elle se met en relation avec la téléphoniste de la table intermédiaire; en effet, la clé C' est reliée par les fils paraffinés 1, 2 au bouton de conversation C de la table intermédiaire qui, lui-même, lorsqu'il est au repos, communique par les bornes P^4, avec le poste d'opérateur $R'' M''$ de la téléphoniste de la table intermédiaire.

La téléphoniste de la table interurbaine transmet à sa camarade de la table intermédiaire le numéro de la fiche qui doit être introduite dans le Jack de la ligne demandée. Alors, par le procédé que nous avons indiqué plus haut, la téléphoniste de la table intermédiaire essaie la ligne demandée. Si cette ligne est occupée, la téléphoniste de la table interurbaine en est avisée verbalement; si la ligne est libre la communication est établie; voici comment : en appelant sa camarade de la table intermédiaire, la téléphoniste de la table interurbaine

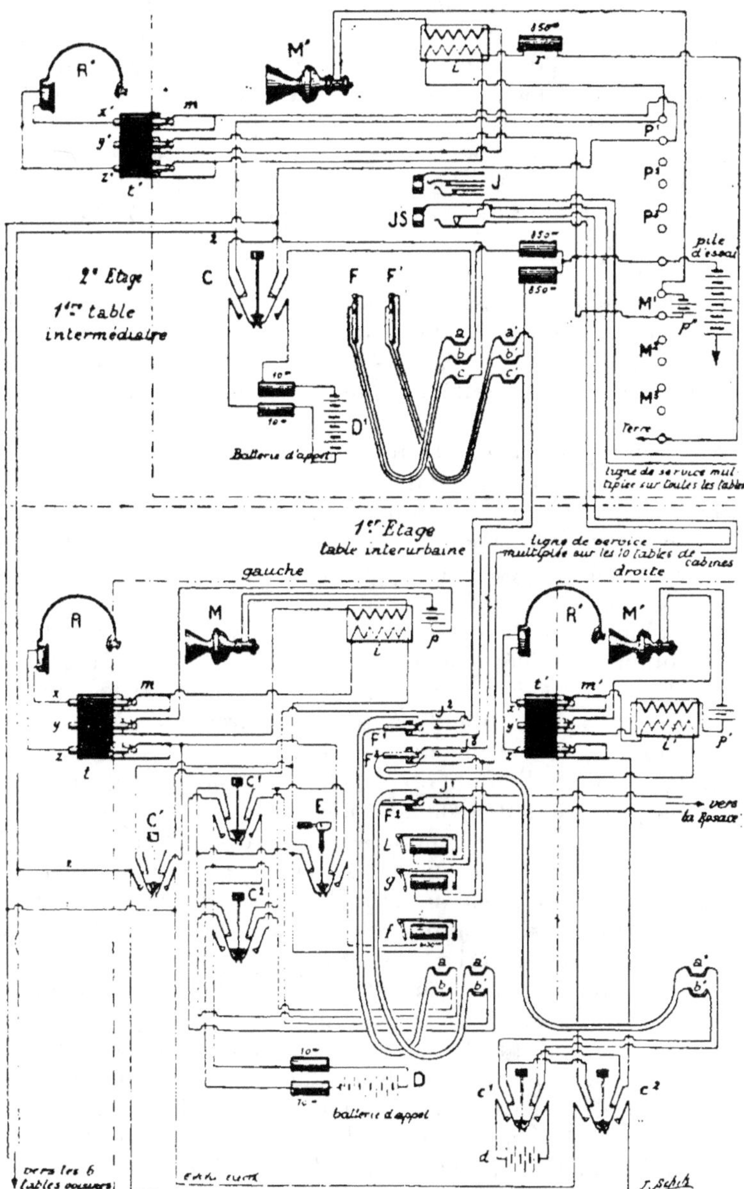

Fig. 41. — Liaison d'une table interurbaine avec la première table intermédiaire.

a pris soin de lui dire : *donnez le Jack X par la fiche Y*; c'est donc la fiche de la table intermédiaire qui sera enfoncée dans le Jack général de la ligne demandée; cette fiche n'est que la continuation du Jack de renvoi et porte le même numéro. La ligne demandée se trouvera dès lors prolongée jusqu'à la table interurbaine; il suffira donc à la téléphoniste de cette table d'enfoncer la fiche F^1 dans le Jack de renvoi J^2, la fiche F^2 étant déjà introduite dans le Jack interurbain J^1. Autant que possible, on se sert du Jack de renvoi J^2 qui porte le même numéro que le Jack interurbain J^1.

La clé d'écoute E étant relevée, l'annonciateur de fin de conversation f se trouve en dérivation sur le circuit. Le volet de cet annonciateur tombera lorsque, la conversation terminée, l'abonné qui a demandé la communication appuiera sur sa clé d'appel.

A ce moment, la téléphoniste de la table intermédiaire se mettra de nouveau en relation avec sa camarade de la table intermédiaire, en pressant sur le bouton de conversation C'', et l'invitera à rompre la communication; elle-même retirera ses deux fiches, engagées dans le Jack local J^1 et dans le Jack de renvoi J^2.

Les demandes de communication provenant du multiple parviennent aux téléphonistes des 20 tables interurbaines par les 20 lignes de service JS-J^3, multiplées partout. Chacune de ces lignes de service aboutit à une table interurbaine qui porte le même numéro que son Jack de service.

La fiche unique F^3, dont dispose la téléphoniste de droite, est habituellement engagée dans l'unique Jack de service J^3 de la table. Dans ce cas, la téléphoniste perçoit directement l'appel dans son appareil d'opérateur RM par F^3, $a''b''$, c^1, c^2, i', m', l'. Si la fiche F^3 n'est pas dans le Jack J^3, le courant d'appel traverse les bobines de l'annonciateur d'appel g et le volet tombe. La téléphoniste place la fiche F^3 dans le Jack J^3, abaisse la clé c^1 et envoie ainsi le courant de sa batterie d'appel d sur la ligne qui a appelé. Ce courant, malgré le multiplage de la ligne, ne parvient qu'à la téléphoniste qui a appelé, puisqu'elle seule a une fiche placée dans le Jack général de la ligne, cette ligne ayant été essayée au préalable. Tant que la fiche F^3 reste dans le Jack J^3, la téléphoniste de droite de la table interurbaine a son poste d'opérateur RM dans le circuit et se trouve de la sorte en relation avec celle de ses camarades du multiple général qui a appelé. Elle peut ainsi indiquer un numéro d'ordre pour l'obtention de la communication demandée et faire aviser, en temps opportun, l'abonné intéressé que son tour de communiquer avec la ligne demandée est arrivé. A ce moment, la liaison est établie par la téléphoniste de gauche, comme nous l'avons indiqué précédemment; elle est rompue de la même manière.

Manœuvres : A³. Une ligne interurbaine peut demander :

    a^3] Un abonné desservi directement par le multiple,

    b^3 Un abonné desservi par un des bureaux de Paris,

    c^3 Une ligne suburbaine,

    d^3 Une ligne interurbaine,

    e^3 Une ligne de cabine.

a^3 C'est la manœuvre que nous venons d'étudier. La téléphoniste de la table interurbaine qui a reçu l'appel, enfonce une fiche d'arrière dans le Jack local de la ligne appelante, abaisse sa clé d'écoute et prend l'ordre de l'abonné. Elle appuie ensuite sur le bouton de conversation et transmet l'ordre reçu à la téléphoniste de la 1re table intermédiaire, en lui faisant connaître les numéros du Jack de renvoi et du Jack de la ligne demandée. Avec la fiche correspondant au Jack de renvoi, la téléphoniste de la 1re table intermédiaire essaie la ligne appelée, enfonce la fiche dans le Jack général de cette ligne, si elle est libre, et avise la téléphoniste de la table interurbaine, qui est restée en relation avec elle par le circuit de conversation. La téléphoniste de la table interurbaine enfonce alors la fiche d'avant dans le Jack de renvoi, portant le même numéro que la fiche utilisée par la table intermédiaire. La communication est établie avec l'annonciateur de fin de conversation en dérivation sur le circuit. A la chute du volet de cet annonciateur, la téléphoniste de la table interurbaine rentre sur la ligne, en abaissant sa clé d'écoute, s'assure que la conversation est terminée. enlève ses fiches et, par son bouton de conversation C', invite la téléphoniste de la 1re table intermédiaire à retirer également sa fiche.

b^3] Même manœuvre que la précédente, à cette différence près qu'une ligne auxiliaire de départ est substituée à la ligne de l'abonné appelé. La 1re table intermédiaire dispose de de 280 lignes auxiliaires de départ.

c^3 C'est encore une manœuvre semblable à celle du § a^3, dans laquelle une des lignes suburbaines, multiplées à la 1re table intermédiaire, est substituée à la ligne d'abonné.

d^3] Ce cas n'avait pas été admis dans la première installation; on y a remédié depuis.

e^3 Même manœuvre que pour le § a^3; une des lignes de cabines, multiplées à la 1re table intermédiaire, est substituée à la ligne d'abonné.

B^3] Une ligne interurbaine peut être demandée par :

f^3] Un abonné desservi directement par le multiple,

g^3] Un abonné desservi par un des bureaux de Paris,

h^3] Une ligne suburbaine,

i^3] Une ligne interurbaine,

j^3] Une ligne de cabine.

f^3] L'appel parvient à une des 23 tables générales. La téléphoniste de cette table, après avoir pris l'ordre de l'abonné et avoir essayé la ligne de service interurbain, dont le Jack porte le même numéro que la table interurbaine qui dessert la ligne demandée, introduit une fiche dans ce Jack et sonne. C'est la téléphoniste de droite de la table interurbaine qui reçoit cet appel et qui inscrit la demande transmise, verbalement, par sa camarade. Elle indique alors le numéro de classement de la demande et, au moment opportun, fait établir la communication par la téléphoniste de gauche de la table interurbaine, de concert avec la téléphoniste de la 1re table intermédiaire. Cette dernière prend l'abonné appelant à son Jack général.

g^3] La manœuvre, analogue à la précédente, est effectuée par la téléphoniste d'une des tables de lignes auxiliaires d'arrivée, avec le concours des téléphonistes de la table interurbaine et de la 1re table intermédiaire.

h^3] La manœuvre se répète de la même façon pour les tables suburbaines.

i^3] Le cas n'avait pas été admis dans le principe, on y a remédié depuis.

j^3] L'appel parvient à une table de cabine et les opérations à exécuter sont les mêmes que lorsqu'il s'agit d'un abonné (§ a^3), les lignes de cabines étant multiplées à la 1re table intermédiaire.

Tables des cabines et 2e table intermédiaire. — La 2e table intermédiaire est affectée au service des tables de cabines publiques, et sert d'intermédiaire entre ces tables et le reste du multiple.

En sortant du tableau de distribution, les lignes de cabines sont rattachées à la 1re table intermédiaire, à l'entrée du multiple, au 2e étage. Elles sont multiplées dans les deux tables intermédiaires, redescendent au 1er étage, parcourent les dix tables de cabines, en commençant par la table n° 10. Ces lignes sont multiplées dans les dix tables et, au sortir de la première table, chaque ligne se dirige individuellement vers son Jack local, à raison de 15 Jacks locaux par table de cabines.

Chaque ligne de cabine a donc un Jack général dans les deux tables intermédiaires et dans toutes les tables de cabines; elle aboutit à un Jack local et à un annonciateur d'appel dans la table qui lui est propre.

En principe, le contrôle des communications doit être tenu par les tables de cabines. Les téléphonistes de la 2e table intermédiaire ne doivent donc agir que conformément aux ordres qui émanent des tables de cabines.

La téléphoniste d'une table de cabines, pour se mettre en relation avec la 2e table intermédiaire et lui communiquer un ordre, n'a qu'à appuyer sur son bouton de conversation. En effet, le poste téléphonique de la téléphoniste de gauche de la 2e table intermédiaire est relié aux boutons de conversation des trois premières tables de cabines; le poste de la téléphoniste du milieu est relié, de la même manière, aux quatre tables de cabines suivantes; il en est de même des trois dernières tables de cabines, par rapport à la téléphoniste de droite de la 2e table intermédiaire.

Manœuvres : A^4. — Une ligne de cabine peut demander :

    a^4] Un abonné desservi directement par le multiple,

    b^4] Un abonné desservi par un des bureaux centraux de Paris,

    c^4] Une ligne suburbaine,

    d^4] Une ligne interurbaine,

    e^4: Une ligne de cabine.

a^4] La téléphoniste de la table de cabines qui reçoit l'appel, appuie sur son bouton de conversation, et transmet verbalement, à la 2e table intermédiaire, l'ordre d'établir la communication demandée, en lui indiquant le numéro de l'appelant et le numéro de l'appelé. La téléphoniste de la 2e table intermédiaire essaie la ligne demandée et, si elle est libre, introduit ses deux fiches dans le Jack général de la ligne appelante et dans le Jack général de la ligne appelée. L'annonciateur de fin de conversation, intercalé entre les deux fiches, reste en dérivation sur le circuit; c'est donc la 2e table intermédiaire qui recevra le signal de fin de conversation.

b^4] Même manœuvre qu'au § a^4; une ligne auxiliaire de départ est substituée à la ligne d'abonné.

c^4] Même manœuvre qu'au § a^4; une ligne suburbaine est substituée à la ligne d'abonné.

d^4] La téléphoniste de la table de cabines qui reçoit l'appel introduit une fiche dans le Jack de service qui correspond à la table interurbaine desservant la ligne demandée, puis elle abaisse sa clé d'écoute et transmet verbalement, par la ligne de service, l'ordre à exécuter. En recevant cet ordre, la téléphoniste de droite de la table interurbaine indique le numéro de classement de la demande et fait établir, en temps utile, la communication par la 1re table intermédiaire.

e^1. Le volet de l'annonciateur d'appel tombe à la table de cabine X : la téléphoniste de cette table introduit une fiche d'arrière dans le Jack local, abaisse sa clé d'écoute, prend l'ordre de la ligne qui a appelé, essaie la ligne de cabine demandée et, si cette ligne est libre, enfonce la fiche d'avant dans le Jack général de cette ligne, puis relève sa clé d'écoute et le volet de l'annonciateur d'appel. L'annonciateur de fin de conversation, resté en dérivation, fait connaître par la chute de son volet que la conversation est terminée. La téléphoniste rentre sur la ligne en abaissant sa clé d'écoute, s'assure que la conversation est terminée, retire ses fiches et relève sa clé d'écoute, ainsi que le volet de l'annonciateur de fin de conversation.

B^1 Une ligne de cabine peut être demandée par :

f^1 Un abonné desservi directement par le multiple,

g^1 Un abonné desservi par un des bureaux de Paris,

h^1 Une ligne suburbaine,

i^1 Une ligne interurbaine,

j^1 Une ligne de cabine.

f^1. La téléphoniste qui reçoit l'appel sur une table générale, appuie sur son bouton de conversation et se met ainsi en relation avec la téléphoniste de la 2e table intermédiaire; elle lui transmet verbalement l'ordre d'établir la communication demandée.

g^1. La téléphoniste qui reçoit l'appel sur une table de lignes auxiliaires d'arrivée, opère comme dans le cas précédent.

h^1. La téléphoniste qui reçoit l'appel sur une table de lignes suburbaines, opère comme en f^1.

i^1. La table interurbaine qui reçoit l'appel fait établir la communication par la 1re table intermédiaire, comme il a été dit plus haut.

j^1 Même manœuvre que pour e^1; dans les cas c^1, d^1, e^1, h^1, i^1, j^1, c'est la seconde table intermédiaire qui établit la communication et qui reçoit le signal de fin de conversation. C'est une anomalie qui a pour effet de transporter en réalité le contrôle des communications du 1er étage au 2e étage. On perd par là, en partie, le bénéfice de la subdivision des tables de cabines qui n'ont plus leur raison d'être; en cours d'exploitation, on s'aperçut bien vite de cet inconvénient et on se proposa d'y remédier, ainsi que nous l'indiquerons plus loin.

En raison des modifications qui doivent être apportées à cette partie du service, il ne nous a pas paru nécessaire de donner ici un croquis détaillé des anciennes communications; nous renvoyons le lecteur à la figure 43 qui représente l'installation actuelle.

Tables des surveillantes. — Les surveillantes peuvent, à chaque instant, se mettre en relation avec les téléphonistes

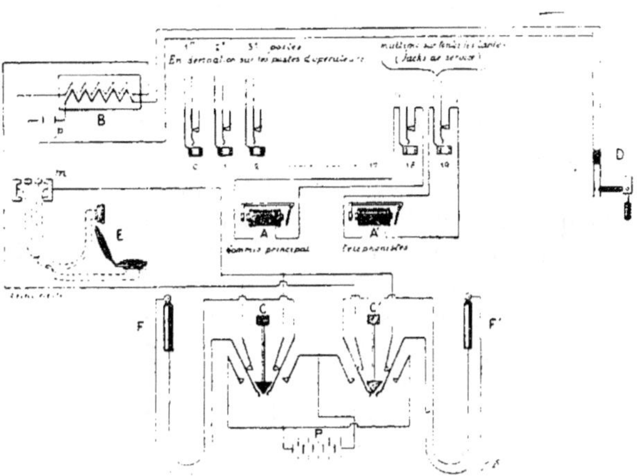

Fig. 42. — Schéma d'une table de surveillante.

dont elles ont la direction, et aussi avec le commis principal, sous les ordres duquel elles sont placées; réciproquement, le commis principal et chacune des téléphonistes peuvent appeler la surveillante: tel est l'objet des annonciateurs A et A' (*fig.* 42.

Les Jacks 0, 1, 2..... 17 sont montés en dérivation sur les postes d'opérateur des différentes téléphonistes, de sorte que, en introduisant une de ses fiches dans l'un des Jacks de 0 à 17, la surveillante place son appareil d'opérateur E dans le circuit, et est en relation avec la téléphoniste correspondante, à l'insu de celle-ci, si elle le désire.

Le Jack n° 18 communique avec le bureau du commis principal.

Le Jack n° 19 est multiplé sur toutes les tables du commutateur; c'est par cette ligne que les téléphonistes appellent la surveillante, elle leur répond en introduisant une fiche dans le Jack n° 19 et en manœuvrant la clé d'appel correspondante C ou C'. C'est, en somme, une ligne d'abonné dont le poste terminus est à la table de la surveillante. La clé D est un commutateur pour la pile microphonique *p*; en manœuvrant cette clé, on ferme le circuit de la pile sur le fil primaire de la bobine d'induction B et sur le microphone de l'appareil d'opérateur E.

MODIFICATIONS APPORTÉES AU SERVICE DES LIGNES INTERURBAINES,
DES LIGNES SUBURBAINES
ET DES LIGNES DE CABINES DEPUIS LEUR INSTALLATION

Service interurbain. — Tant que les lignes interurbaines ordinaires, celles qui relient simplement deux centres téléphoniques éloignés, ont été les seules que le commutateur multiple de la rue Gutenberg eût à desservir, l'installation des tables interurbaines et de la 1re table intermédiaire, telle que nous l'avons décrite, était considérée comme très suffisante. La seule critique que l'on ait pu sérieusement faire de ce mode d'exploitation consistait dans l'impossibilité, où on se trouvait, de mettre en relation directe deux lignes interurbaines. Il était facile de combler cette lacune.

La planche I montre l'ensemble des dispositions adoptées.

Sur le panneau vertical de la première table intermédiaire, on a disposé 40 Jacks, reliés deux à deux, et formant 20 séries de Jacks conjugués J,J. Ces Jacks sont destinés à opérer la liaison entre deux tables interurbaines quelconques, en introduisant dans les deux Jacks conjugués d'une même paire, la fiche de la ligne appelante et la fiche de la ligne appelée.

Mais on a pensé que si les cordons de renvoi qui établissent l'unique liaison entre la première table intermédiaire et les tables interurbaines, à raison d'un seul cordon par ligne interurbaine, venaient à se détériorer, les lignes correspondantes seraient immobilisées, pendant tout le temps nécessaire au remplacement ou à la réparation de ces cordons. On a alors doublé ces communications, au moyen de 100 lignes d'intercommunication L', aboutissant, d'une part, à 100 Jacks d'intercommunication J', distribués sur les 20 tables interurbaines, à raison de 5 par table, et, d'autre part, à 100 Jacks à 5 pointes J², disposés sur le panneau vertical de la 1re table intermédiaire et répartis entre les trois téléphonistes de cette table, comme le sont elle-mêmes les tables interurbaines. A chaque Jack d'intercommunication J', on a affecté un annonciateur à relèvement automatique A¹ qui sert, comme nous le verrons plus loin, à contrôler les manœuvres de la 1ʳᵉ table intermédiaire.

Pour établir les communications au moyen des lignes d'intercommunication, la 1ʳᵉ table intermédiaire dispose d'un certain nombre de cordons de *communication directe* Fᵈ ; ce sont des cordons souples, à trois conducteurs, terminés par une fiche à chaque bout.

L'emploi des lignes d'intercommunication a non seulement pour objet de suppléer à l'insuffisance des cordons de renvoi, mais il permet encore à la téléphoniste de la table interurbaine de faire préparer, par sa camarade de la 1ʳᵉ table intermédiaire, les communications qui devront suivre celle en cours, et de gagner ainsi du temps.

De même que pour les lignes d'intercommunication, on place sur les cordons de renvoi un annonciateur à relèvement automatique Aʳ qui, par la chute de son volet, indique que le cordon de renvoi, portant le même numéro, est occupé à la 1ʳᵉ table intermédiaire.

Lorsque les lignes affectées au service simultané de la télégraphie et de la téléphonie furent amenées à la rosace, il fallut se préoccuper des moyens d'appel. Parmi ces lignes, les unes sont équipées suivant le système Van Rysselberghe, d'autres suivant les procédés Pierre Picard; d'autres lignes, enfin, tout en restant uniquement affectées aux communications téléphoniques, desservent deux localités. De là autant de dispositifs à combiner.

Au 1ᵉʳ étage, les tables interurbaines ont reçu quatre rangées de Jacks, au lieu de deux qu'elles possédaient anciennement, et quatre rangées d'annonciateurs, au lieu de deux. On y voit aujourd'hui :

Des Jacks d'appel Jᵃ ,

Des Jacks de conversation Jᶜ ,

Des Jacks de renvoi Jʳ,

Des Jacks d'intercommunication Jⁱ ,

Le Jack de service Jˢ subsiste sur chaque table.

Les quatre rangées d'annonciateurs comprennent :

Les anciens annonciateurs de fin de conversation Aᶠ ,

Des annonciateurs d'appel à double enroulement A et deux rangées d'annonciateurs à relèvement automatique Aʳ, A¹ ; l'une des rangées, Aʳ, est affectée aux Jacks et aux cordons de renvoi; l'autre, A¹ , aux Jacks et aux lignes d'intercommunication.

6

A ces organes sont joints un commutateur d'appel à deux directions I et, lorsqu'il y a lieu, un appel phonique G.

Les condensateurs-séparateurs Van Rysselberghe, ainsi que les bobines Picard, sont placés à la rosace, au rez-de-chaussée, comme le montre la planche I.

Annonciateurs d'appel. — L'annonciateur affecté aux lignes équipées avec le système Pierre Picard est à double enroulement. Les deux conducteurs, dont chacun a une résistance de 500 ohms, sont enroulés, l'un à côté de l'autre, et accouplés en quantité.

Sur les lignes anti-inductées par le procédé Van Rysselberghe, l'annonciateur est un transformateur à deux circuits égaux, de 500 ohms chacun, actionné par un appel phonique.

Pour les lignes desservant un poste intermédiaire, on fait usage d'un annonciateur a, à double enroulement, de 500 ohms chacun, dont le volet ne tombe que lorsque l'armature cesse d'être attirée. Une pile locale p envoie constamment son courant dans l'un des enroulements et maintient l'armature attirée. Les deux postes de la ligne appellent Paris avec un courant de sens tel, qu'en traversant le second enroulement de l'annonciateur, il annule l'effet du courant local ou l'atténue suffisamment pour que l'armature cesse d'être attirée : le volet tombe. Les deux postes de la ligne s'appellent entre eux par un courant de sens inverse qui, ajoutant son effet à celui du courant local, tend à augmenter l'adhérence de l'armature contre le noyau.

L'annonciateur des lignes non anti-inductées est un annonciateur ordinaire à double enroulement.

Annonciateurs à relèvement automatique. — L'annonciateur à relèvement automatique des cordons de renvoi est agencé de la manière suivante :

Au deuxième étage, sur la première table intermédiaire, les fiches F¹, F² des cordons de renvoi reposent sur des godets métalliques g, g, en relation avec la bobine de l'annonciateur à relèvement automatique A', bobine qui, d'autre part, est à la terre. Lorsqu'une fiche est au repos, sa douille, qui communique avec la pile d'essai, envoie le courant de celle-ci dans la bobine de l'annonciateur A' (le circuit est fermé par : *Terre, pile d'essai, bobine de retard, cordon souple, fiche, godet, annonciateur, terre*). Le noyau de cet annonciateur est aimanté, et le volet en fer reste attiré. Dès qu'on soulève la fiche pour en faire usage, et tant que cette fiche reste enfoncée dans un Jack, la communication est interrompue

entre la fiche et le godet g et, par conséquent, entre la pile
d'essai et l'annonciateur A^r; le volet de cet annonciateur cesse
d'être attiré et tombe. Ce volet est relevé automatiquement
par l'aimantation du noyau de l'annonciateur, dès que la fiche
retombe dans le godet g.

La disposition adoptée pour l'annonciateur à relèvement
automatique A^i des lignes d'intercommunication est un peu
différente. Une pile p^i, dont l'un des pôles est à la terre,
est reliée à l'un des contacts de repos des Jacks J^5 de la
1re table intermédiaire; à la table interurbaine, le plot de
repos du Jack d'intercommunication J^i est en relation avec
la bobine de l'annonciateur A^i , à la terre par son autre extrémité. L'annonciateur A^i est ainsi traversé par un courant
continu, tant que les deux Jacks restent libres; par conséquent,
le volet en fer reste attiré. Mais, si on enfonce une fiche dans
l'un d'eux, le circuit est rompu en ce point et le volet tombe.
Pour que la téléphoniste de la table interurbaine exerce un
contrôle efficace sur la téléphoniste de la table intermédiaire,
il suffit donc qu'elle ne place une fiche dans son Jack d'intercommunication qu'après la chute du volet; elle est alors
certaine que l'ordre qu'elle a donné à sa camarade de la
table intermédiaire a été exécuté, et que celle-ci a introduit
sa fiche dans le Jack qu'elle lui a désigné.

Commutateur d'appel. — Les lignes à exploiter sont disposées pour l'appel direct, au moyen de la pile, ou bien pour
l'appel à l'aide de l'appel phonique; il a fallu équiper les
tables interurbaines en conséquence.

A cet effet, elles ont été pourvues d'un transformateur à
vibrateur II et d'un commutateur à deux directions I, qui
leur permet d'employer l'un ou l'autre système, en manœuvrant convenablement la manette du commutateur avant d'appuyer sur la clé d'appel.

Le vibrateur est unique pour toutes les tables, mais chacune
d'elles est pourvue d'un commutateur d'appel.

Nouvelle exploitation des lignes interurbaines. — Manœuvres : A^5. — Une ligne interurbaine peut demander :

    a^5] Un abonné desservi directement par le multiple,

    b^5] Un abonné desservi par un des bureaux de Paris,

    c^5] Une ligne suburbaine,

    d^5] Une ligne interurbaine,

    e^5] Une ligne de cabine.

    a^5] La téléphoniste de la table interurbaine qui reçoit la
demande la transmet à la 1re table intermédiaire qui, après

avoir essayé la ligne demandée, établit la communication par les procédés précédemment décrits.

b^5] Même manœuvre que pour a^5,

c^5] Même manœuvre que pour a^5.

d^5] Avec la nouvelle installation, deux cas peuvent se présenter : d'^5; la téléphoniste de la table interurbaine fait usage d'un Jack et d'un cordon de renvoi : d''^5; elle emploie un Jack et une ligne d'intercommunication.

d'^5] La téléphoniste qui reçoit l'appel presse sur le bouton de conversation et donne l'ordre à la 1re table intermédiaire de prévenir la table interurbaine demandée. Celle-ci donne le numéro d'ordre et le numéro du cordon à employer; la téléphoniste de la 1re table intermédiaire introduit les deux cordons dans deux Jacks conjugués de la série dont elle dispose. Les deux tables interurbaines sont ainsi mises en relation directe pour établir la communication demandée. La communication est rompue par la 1re table intermédiaire, sur l'ordre de la table interurbaine, qui, par le jeu de son annonciateur à relèvement automatique, est avertie que ses ordres ont été exécutés, tant au moment de l'établissement de la communication qu'au moment de sa rupture.

d''^5] La téléphoniste de la table interurbaine qui reçoit l'appel, avant d'établir la liaison de la ligne interurbaine appelante avec le Jack d'intercommunication, donne l'ordre à la téléphoniste de la 1re table intermédiaire d'enfoncer une des fiches d'un des cordons de communication directe dans le Jack d'intercommunication; elle est avertie que cet ordre est exécuté par la chute du volet de son annonciateur à relèvement automatique. Dès que son annonciateur a fonctionné, la téléphoniste de la table interurbaine introduit la seconde fiche dans le Jack d'intercommunication, c'est-à-dire qu'elle met la ligne interurbaine en communication avec la 1re table intermédiaire. Pour compléter la communication, il suffit que la téléphoniste de la 1re table intermédiaire enfonce la seconde fiche de son cordon de communication directe dans le Jack de la ligne demandée.

Lorsque la table interurbaine reçoit le signal de fin de conversation, elle rompt la communication, et donne ensuite à la 1re table intermédiaire l'ordre de retirer ses fiches. Le relèvement automatique du volet de son annonciateur lui indique que la manœuvre a été exécutée.

e^5] Même manœuvre que pour a^5.

B^5 Une ligne interurbaine peut être demandée par :

f^3] Un abonné desservi directement par le multiple,

g^5] Un abonné desservi par un des bureaux de Paris,

h^5] Une ligne suburbaine,

i^5] Une ligne interurbaine,

j^5] Une ligne de cabine,

f^5] La téléphoniste qui reçoit l'appel transmet la demande à la table interurbaine qui dessert la ligne demandée. La table interurbaine donne le numéro d'ordre et fait établir, en temps utile, la communication par la 1re table intermédiaire.

g^5] Même manœuvre que pour f^5,

h^5] Même manœuvre que pour f^5,

i^5] Même manœuvre que pour a^5,

j^5] Même manœuvre que pour f^5.

Service du théâtrophone. — Des lignes, au nombre de 60, relient à la 1re table intermédiaire l'administration du théâtrophone, située au n° 23 de la rue Louis-le-Grand. Pareil nombre de lignes unit la 1re table intermédiaire aux différents théâtres, dans lesquels le théâtrophone a des installations pour ses auditions. Ces différentes lignes sont des lignes d'abonnés qui ne s'étendent pas, dans le multiple, au-delà du Jack qui leur est réservé dans la 1re table intermédiaire. Normalement, chaque ligne de théâtrophone communique à une ligne de théâtre par un système de Jacks conjugués J^1, J^0 comme le montre la planche I. Mais ces lignes peuvent être coupées à la 1re table intermédiaire.

Le théâtrophone dispose, en outre, de lignes de service qui lui permettent de correspondre, comme les abonnés ordinaires, avec les téléphonistes de la 1re table générale du multiple.

Par ces lignes, l'administration du théâtrophone peut donner l'ordre d'établir la communication entre un abonné du réseau, qui désire une audition, et un théâtre déterminé. La liaison se fait, à la 1re table intermédiaire, à l'aide d'un cordon souple à deux fiches F^d. Une des fiches est introduite dans le Jack général de l'abonné, l'autre dans le Jack J^0 de la ligne du théâtre indiqué; la ligne de théâtrophone correspondante J^1 reste isolée.

Service des cabines. — Nous avons signalé les inconvénients résultant de ce que, dans certains cas, le signal de fin de conversation était reçu par la 2me table intermédiaire, au lieu de parvenir aux tables de cabines. On y a remédié en adoptant, pour les tables de cabines, un mode d'exploitation analogue à celui des tables interurbaines. Cette nouvelle disposition a donné lieu aux modifications suivantes :

1° Suppression radicale des annonciateurs de fin de conversation de la 2me table intermédiaire;

2° Création de 10 lignes de service de cabines, analogues aux 20 lignes de service interurbain;

3° Suppression du circuit de conversation qui reliait le multiple à la 2me table intermédiaire;

4° Liaison de chaque table de cabines à la 2me table intermédiaire par 15 lignes de renvoi;

5° Suppression des manœuvres de clés d'appel et de clés d'écoute à la 2me table intermédiaire.

Les annonciateurs de fin de conversation n'ont pas été enlevés; on s'est contenté d'immobiliser leurs volets; de même, les clés d'appel et d'écoute de la 2me table intermédiaire, quoique devenues inutiles, ont été maintenues.

Les dix lignes de service de cabines J^s A^s (*fig* 43) sont multipliées dans tout le commutateur; chacune d'elles représente une table de cabines; la ligne n° 1 représente la première table, la ligne n° 2, la seconde table, et ainsi de suite, J^s A^s étant affectés à la même table.

On a utilisé, pour constituer ces lignes, 10 lignes d'abonnés sans emploi. Chacune de ces lignes de service a son Jack J^s sur le panneau libre de droite d'une des tables de cabines.

L'annonciateur d'appel A est placé immédiatement au-dessous du Jack local J; enfin, les 15 Jacks de renvoi J^r forment une rangée horizontale, disposée au-dessus de l'annonciateur A et du Jack J.

Chacune des 15 lignes de renvoi part d'un Jack de renvoi J^r, et aboutit à un autre Jack J^s, situé sur la 2e table intermédiaire. Les deux Jacks d'une même ligne portent le même numéro; le Jack de la table de cabines est un Jack Standard, celui de la 2e table intermédiaire est un Jack à cinq pointes. En $x\,y$ on voit le trajet d'une des 150 lignes de cabines, en $x'y'$ celui d'une ligne de service.

Les récepteurs R, montés sur les boutons de conversation, montrent comment les téléphonistes peuvent correspondre entre elles.

Nouvelle exploitation des tables de cabines. — Manœuvres : A^6. — Une ligne de cabine peut demander :

    a^6] Un abonné desservi directement par le multiple,

    b^6] Un abonné desservi par un des bureaux centraux de Paris,

    c^6] Une ligne suburbaine,

    d^6] Une ligne interurbaine,

e^6] Une ligne de cabine.

a^6] La téléphoniste qui a reçu l'appel, après avoir mis le Jack local de la ligne appelante en relation avec un des Jacks de renvoi, appuie sur son bouton de conversation et donne l'ordre, à sa camarade de la 2ᵉ table intermédiaire, d'établir la

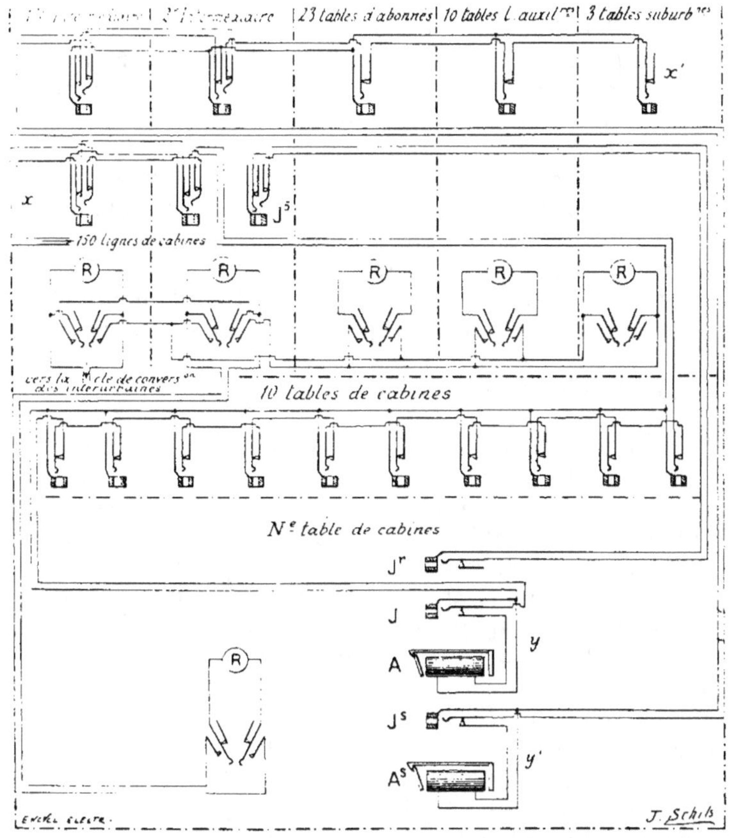

Fig. 43. — Nouvelle installation des tables de cabines,

communication entre le Jack de renvoi utilisé et le Jack général de la ligne interurbaine demandée. Pendant la durée de la conversation, la téléphoniste de la table de cabine, afin de maintenir la liaison avec la 2ᵉ table intermédiaire, laisse une fiche dans le Jack local de la ligne qui a appelé et l'autre fiche, de la même paire de cordons, dans le Jack de renvoi utilisé; elle pourra ainsi recevoir le signal de fin de conversation et prescrire à la 2ᵉ table intermédiaire de rompre la communication, tandis qu'elle-même remettra ses fiches dans la position de repos.

b⁶] Même manœuvre que pour *a⁶*; une ligne auxiliaire de départ est substituée à la ligne d'abonné.

c⁶] Même manœuvre que pour *a⁶*; une ligne suburbaine est substituée à la ligne d'abonné.

d⁶] Comme dans l'ancienne exploitation, la téléphoniste qui a reçu la demande la transmet, par la ligne de service interurbaine, à la table interurbaine qui dessert la ligne demandée. La table interurbaine fait connaître le numéro d'ordre et prescrit à la 1ʳᵉ table intermédiaire d'établir la communication.

e⁶] La communication est directement établie à la table de cabines.

B⁶] Une ligne de cabine peut être demandée par :

    f⁶] Un abonné desservi directement par le multiple,

    g⁶] Un abonné desservi par un bureau de Paris,

    h⁶] Une ligne suburbaine,

    i⁶] Une ligne interurbaine,

    j⁶] Une ligne de cabine.

f⁶] La téléphoniste de la table générale qui reçoit la demande appelle la table de cabines par la ligne de service de cabine portant le numéro de la table contenant la ligne demandée. La téléphoniste de la table de cabines donne l'ordre à la 2ᵉ table intermédiaire d'établir la communication entre le Jack de renvoi et le Jack général de l'abonné. Elle maintient une fiche dans le Jack de la ligne de cabine et l'autre fiche, de la même paire de cordons, dans le Jack de renvoi utilisé, afin de recevoir le signal de fin de conversation et de maintenir la liaison avec la 2ᵉ table intermédiaire.

g⁶] La téléphoniste de la table des lignes auxiliaires d'arrivée qui a reçu l'appel opère comme pour *f⁶*; seulement la téléphoniste de la 2ᵉ table intermédiaire mettra le Jack de renvoi en communication avec un Jack général d'une ligne auxiliaire de départ allant vers le bureau central appelant.

h⁶] La téléphoniste de la table suburbaine qui a reçu l'appel opère comme pour *f⁶*.

i⁶] Comme dans l'ancienne exploitation, la table interurbaine fait établir la communication par la 1ʳᵉ table intermédiaire.

j⁶] La communication est directement établie par la table de cabines.

Les téléphonistes des tables de cabines étant seules chargées d'établir et de rompre les communications du multiple entier avec les cabines, et de toutes les manœuvres d'appel sur la ligne appelante, aussi bien que sur la ligne appelée, peuvent tenir un procès-verbal, pour chaque table de cabines, comme cela se pratique pour les tables interurbaines.

Service suburbain. — Afin d'assurer le service des tables suburbaines dans des conditions analogues, on a organisé un réseau de circuits de conversation, destiné à relier les trois tables de lignes suburbaines au reste du multiple. Il suffit aux téléphonistes des tables générales, des tables de lignes auxiliaires d'arrivée et des tables intermédiaires d'appuyer sur le bouton de conversation de leur section, pour se mettre directement en relation avec la téléphoniste de la table suburbaine.

A cet effet, la section de gauche de chacune des tables du multiple a été reliée à la section centrale de la 1re table suburbaine; la section centrale de toutes les tables du multiple a été reliée à la section centrale de la 2e table suburbaine; la section de droite de toutes les tables du multiple a été reliée à la section centrale de la 3e table suburbaine. En outre, chacune des sections centrales des trois tables suburbaines est pourvue de deux boutons de conversation, qui permettent d'appeler les téléphonistes des sections centrales des deux autres tables.

Les trois sections centrales pourront donc s'entendre, sans aucun intermédiaire, au sujet des demandes provenant ou à destination des lignes suburbaines desservies par chacune d'elles.

Les téléphonistes des deux tables intermédiaires disposent chacune de trois boutons de conversation, leur permettant d'appeler les trois sections centrales des tables suburbaines.

Il devient dès lors possible, aux téléphonistes des tables suburbaines, d'inscrire les demandes de communication et de leur donner des numéros d'ordre, comme cela se pratique déjà pour les lignes interurbaines.

Nouvelle exploitation des lignes suburbaines. — Manœuvres : A⁷. — Une ligne suburbaine peut demander :

  a^7| Un abonné desservi directement par le multiple,
  b^7| Un abonné desservi par un des bureaux de Paris,
  c^7| Une ligne suburbaine,
  d^7| Une ligne interurbaine,
  e^7| Une ligne de cabine.

a^7] La communication est établie directement à la table suburbaine;

b^7] La communication est établie directement à la table suburbaine;

c^7] La communication est établie directement à la table suburbaine;

d^7) Comme anciennement, le numéro d'ordre est demandé par la ligne de service interurbain. La table interurbaine fait établir la communication par la 1re table intermédiaire.

e^7] La table suburbaine appelle la table de cabines par la ligne de service de cabine. La table de cabines fait établir la communication par la 2me table intermédiaire, comme pour h^6.

B^7. Une ligne suburbaine peut être demandée par :

     f^7. Un abonné desservi directement par le multiple,

     g^7] Un abonné desservi par un des bureaux centraux de Paris,

     h^7) Une ligne suburbaine,

     i^7) Une ligne interurbaine,

     j^7) Une ligne de cabine.

f^7. La téléphoniste de la table générale qui reçoit la demande se met en relation, par son bouton de conversation, avec la table suburbaine desservant la ligne demandée. La téléphoniste de la table suburbaine établira la communication ou donnera le numéro d'ordre.

g^7. Même manœuvre que pour f^7; seulement, la téléphoniste suburbaine devra utiliser le Jack général d'une ligne auxiliaire de départ allant vers le bureau central appelant.

h^7. Comme pour c^7, la communication est établie directement aux tables suburbaines.

i^7) De même que dans l'ancienne exploitation, la table interurbaine fait établir la communication par la 1re table intermédiaire. Dans le cas où la ligne suburbaine ne serait pas libre, la téléphoniste de la 1re table intermédiaire s'informerait du numéro d'inscription de la demande, en appuyant sur son bouton de conversation avec les tables suburbaines. Les tables suburbaines informeraient ensuite les tables interurbaines, par les lignes de service interurbain, du moment précis où la communication demandée pourra être établie.

j^7. La téléphoniste de la table de cabines qui reçoit l'appel met le Jack local de la ligne appelante en communication avec un des 15 Jacks de renvoi disponibles; elle appuie aussitôt sur le bouton de conversation vers la 2e table intermédiaire, à laquelle elle donne l'ordre de mettre le Jack de renvoi correspondant à celui qu'elle a utilisé en communication avec le Jack général de la ligne suburbaine. Les manœuvres d'appel se font à la table de cabines qui reçoit également le signal de fin de conversation.

Pour que ces dispositions puissent avoir tout leur effet, tant en ce qui concerne le service des cabines que l'exploitation des lignes suburbaines, il faut que :

1° Les téléphonistes de la 2ᵉ table intermédiaire aient constamment leur récepteur appliqué à l'oreille; elles sont aux ordres des téléphonistes des tables de cabines, qui, seules, ont qualité pour leur indiquer le moment précis de l'établissement et de la rupture des communications. En effet, les trois boutons de conversation qui relient chacune des téléphonistes des tables intermédiaires aux trois sections centrales des tables suburbaines, permettent à la table de cabines de recevoir immédiatement le numéro d'ordre d'une demande inscrite pour obtenir la communication avec une ligne suburbaine qui n'est pas libre. Dès que la ligne suburbaine demandée devient disponible, la section centrale suburbaine avertit la table de cabines, au moyen de la ligne de service de cabines. C'est donc la table de cabines qui donne l'ordre à la 2ᵉ table intermédiaire d'établir la communication dès que la ligne suburbaine demandée devient disponible.

2° Les téléphonistes des sections centrales des tables suburbaines conservent également leur récepteur toujours appliqué sur l'oreille; elles sont aux ordres de toutes les téléphonistes du multiple, pour recevoir les demandes de communication avec les lignes suburbaines; elles inscrivent ces demandes, s'il y a lieu, et indiquent alors le numéro afférent à chaque demande. Les téléphonistes des sections extrêmes des tables suburbaines ont pour mission de répondre aux appels des lignes suburbaines, elles viennent également en aide aux téléphonistes des sections centrales, lorsque celles-ci sont débordées par leur service. Les téléphonistes des sections centrales suburbaines tiennent, comme sur les tables interurbaines, un procès-verbal pour chaque table suburbaine.

Vérification des circuits. — La figure 44 indique les dispositions qui ont été prises, lors du montage, pour la vérification des Jacks. Cette vérification préliminaire avait pour but de s'assurer de la continuité de toutes les lignes, de contrôler si aucune inversion de fils n'existait et si aucun court circuit ne réunissait deux lignes quelconques.

Le système comprenait un appel magnétique, mis en mouvement par un petit moteur à air chaud, et actionnant une sonnerie polarisée. L'installation était complétée par deux monocordes FF', F¹F², de construction spéciale. Le premier comprenait une fiche métallique pleine F', un cordon souple et une fiche en ébonite F, avec pointe métallique à ressort. Le second se composait d'une fiche métallique pleine F², d'un cordon souple et d'une fiche F¹, à tête métallique, portant un bouton-poussoir, qui permettait de fermer ou d'ouvrir le circuit.

A chaque table, successivement, les monocordes prenaient le courant de l'appel magnétique par leurs fiches métalliques

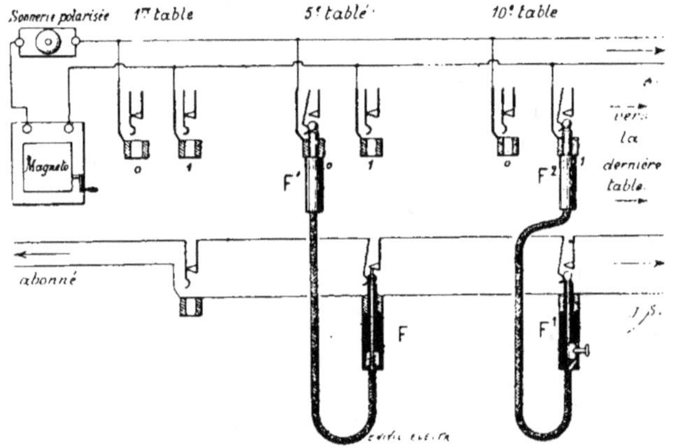

Fig. 44. — Vérification des Jacks.

pleines F'F²; la fiche métallique F' du monocorde n° 1 étant enfoncée dans le Jack n° 0 des lignes de service de la nᵉ table; la fiche métallique F² du monocorde n° 2 étant enfoncée dans le Jack n° 1 de la (n + 1ᵉ) table.

En plaçant dans les Jacks successifs d'une même ligne d'abonné la fiche en ébonite F et la fiche à bouton F¹, comme l'indique la figure, le circuit était complété et, en pressant sur le bouton de la fiche F¹, la sonnerie devait fonctionner.

La vérification ayant lieu en partant de la première table jusqu'à la dernière, on s'assurait, pour chaque ligne d'abonné en particulier :

1° Que la ligne multiplée venant de l'abonné était bien fixée au ressort du 1ᵉʳ Jack de la 1ʳᵉ table, qu'elle sortait de cette première table par le contact de repos du Jack et parcourait successivement toutes les tables du multiple, jusqu'au Jack local, entrant dans les Jacks par le ressort et en sortant

par le contact de repos, de façon que le contact de repos
du Jack de la n^e table soit relié au ressort du Jack de la
$(n + 1^e)$ table;

2° Que la ligne d'essai était continue sur tout le parcours
du multiple et que tous les canons des Jacks étaient reliés

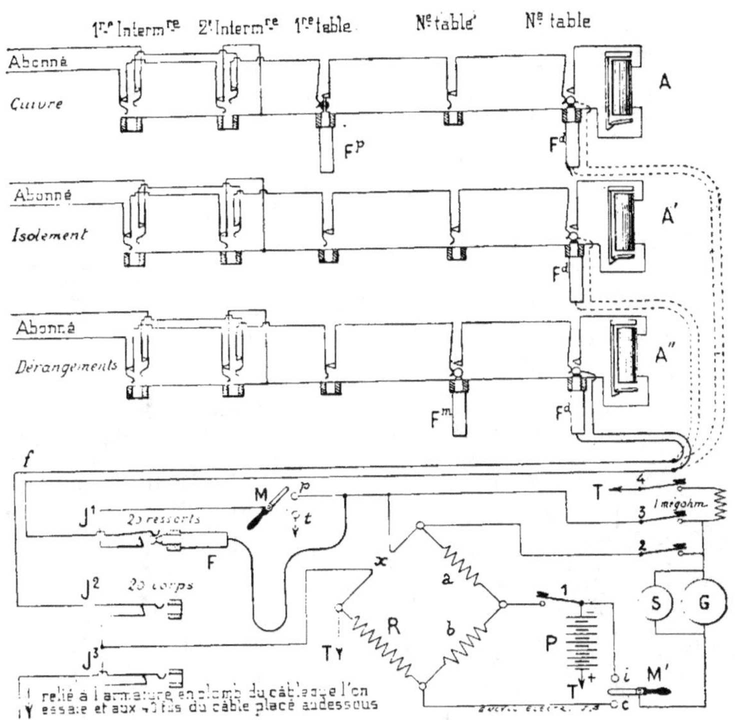

Fig. 45. — Vérification des circuits (conductibilité, isolement, dérangements).

l'un à l'autre (il suffisait, à cet effet, de fermer le circuit sur
ce conducteur).

En résumé, la méthode employée permettait de relever
toutes les inversions de fils, de reconnaître les fils brisés et
les mauvaises soudures.

La figure 45 montre les dispositions adoptées pour la
recherche des dérangements et pour la vérification de l'isolement et de la conductibilité des lignes dans le multiple. Le
schéma de ces trois opérations a été représenté sur la même
figure.

PLANCHE

ENSEMBLE DES DISPOSITIONS ADOPTÉES POUR LE SERVICE INTERURBAIN

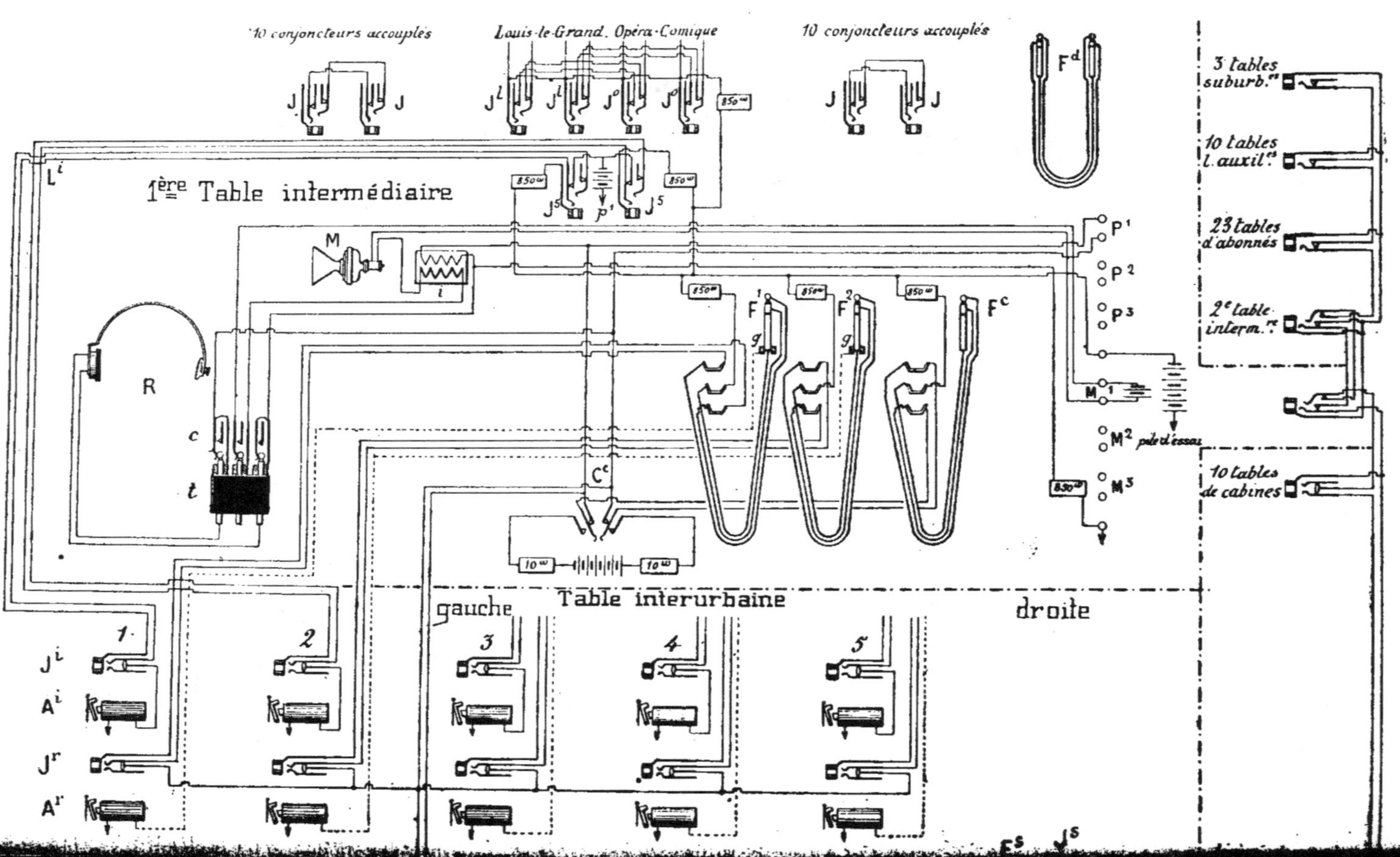

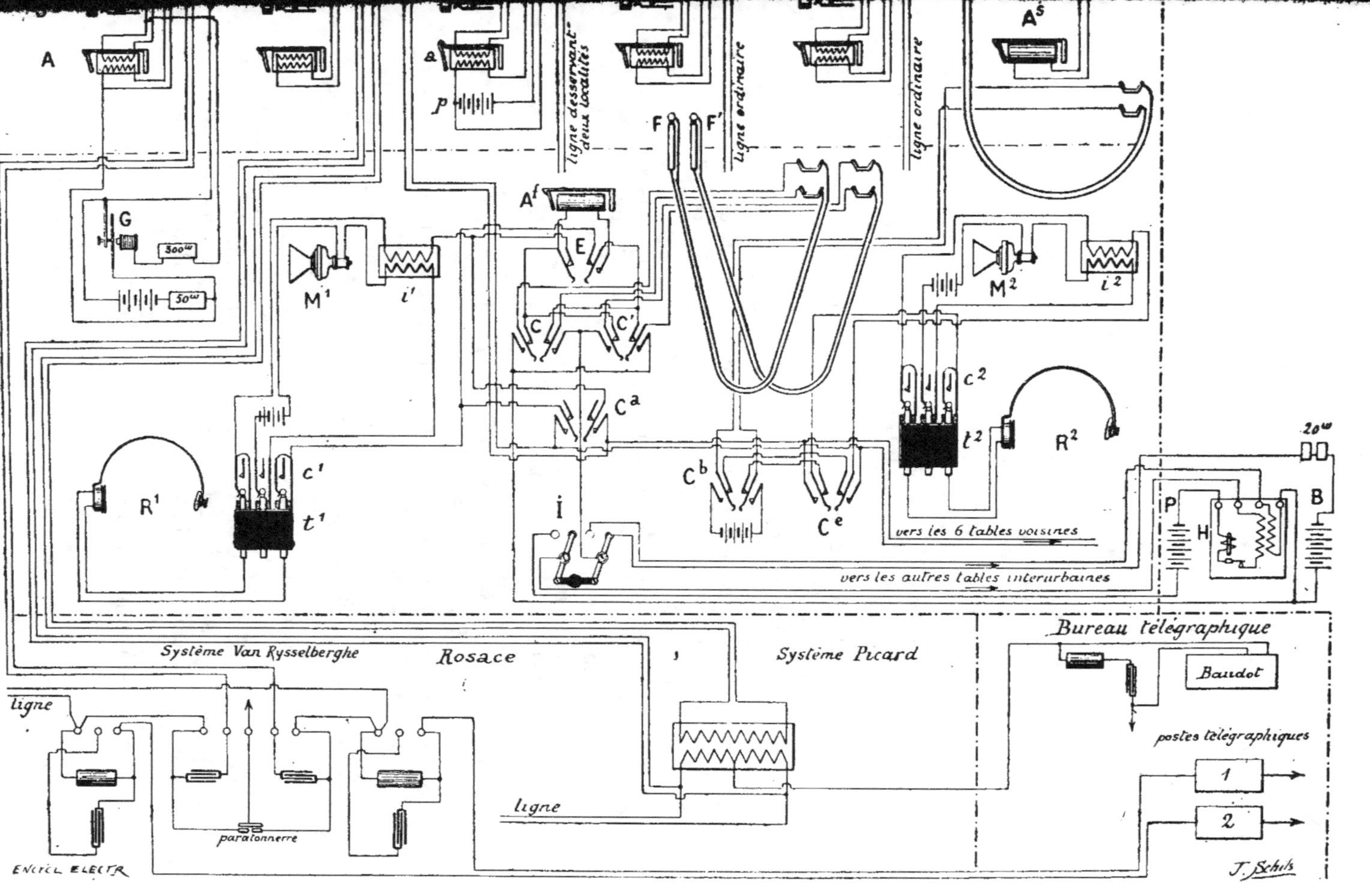

A
G
300w
50w
R1
c'
t1
M1
i'
p
Af
E
C
C'
Ca
i
Cb
Ce
F
F'
ligne desservant deux localités
ligne ordinaire
ligne ordinaire
A5
M2
i2
c2
l2
R2
vers les 6 tables voisines
vers les autres tables interurbaines
20w
P
H
B
Bureau télégraphique
Baudot
postes télégraphiques
1
2
Système Van Rysselberghe
Rosace
Système Picard
ligne
ligne
paratonnerre
ENCYCL ELECTR
J. Schils

L'isolement d'une ligne quelconque a été pris par rapport à toutes les autres lignes, et par rapport à la terre; la conductibilité a été mesurée à partir du Jack local jusqu'au répartiteur.

L'installation comprend :

Un galvanomètre à miroir G, avec son shunt S, un pont de Wheatstone Rbax,

Quatre clés numérotées 1, 2, 3, 4,

Deux commutateurs à manette M, M′,

Une pile de 100 éléments P,

Une fiche pleine F, avec son cordon souple,

Trois rangées de 20 Jacks chacune J^1, J^2, J^3,

Une réglette de 20 fiches à deux conducteurs F^d .

Quarante fils volants f, bien isolés, reliant les Jacks J^1, J^2, J^3 à la réglette de fiches F^d ,

Une réglette de 20 fiches métalliques pleines F^m,

Une réglette de 20 fiches métalliques F^p , avec un isolant dans le voisinage de la pointe.

Les trois lignes d'abonnés A, A′, A″, représentent, en allant de bas en haut, les opérations à exécuter : 1° pour la recherche des dérangements, 2° pour la mesure de l'isolement, 3° pour la mesure du cuivre.

La recherche des dérangements consiste à constater les courts circuits, les interversions de fils, les défauts d'isolement de table en table, etc. Les 20 fiches métalliques F^m sont successivement placées dans les 20 Jacks d'un même câble A″, à toutes les tables, à partir de la dernière. On cherche ainsi l'isolement, par table, des 20 conducteurs réunis aux ressorts des 20 Jacks, par rapport aux 20 conducteurs reliés aux canons de ces mêmes Jacks.

On fait usage de la clé 3, on place la manette M′ sur le contact i, la manette M sur le contact p. Une interversion des fils se traduit par un court circuit; les deux conducteurs de la ligne seraient, en effet, bouclés sur la fiche F^m.

Pour mesurer l'isolement, on place M′ sur le contact i, on prend la constante du galvanomètre en manœuvrant la clé 4, puis on obtient l'isolement de chaque fil en utilisant la fiche F, et en abaissant la clé 3, la manette M étant placée sur t. On enfonce successivement la fiche F dans chacun des Jacks J^1, puis dans chacun des Jacks J^2, la réglette des fiches F^d restant placée dans les Jacks du câble A′ à mesurer.

On obtient ainsi l'isolement total d'un fil par rapport à tous les autres.

La mesure du cuivre donne la résistance électrique des soudures et des contacts.

Les 20 fiches F^d sont placées dans les Jacks du câble A; les 20 fiches F^p introduites dans les 20 Jacks de la première table bouclent les deux conducteurs de chacune des lignes.

La manette M est isolée, la manette M' repose sur le contact c. La fiche F étant successivement introduite dans chacun des Jacks J^1, on utilise les clés 1 et 2 du pont de Wheatstone avec une batterie de 5 éléments.

A la suite des essais électriques, des essais pratiques ont permis de s'assurer du fonctionnement régulier de tous les organes essentiels, tels que les annonciateurs d'appel, les annonciateurs de fin de conversation, les clés d'appel, les clés d'écoute, les boutons de conversation, les sonneries de nuit, etc.

Nous ne voulons pas terminer ce travail sans adresser nos remerciements les plus sincères à M. André, ingénieur de la maison Aboilard, qui, avec sa gracieuseté habituelle, a bien voulu revoir notre manuscrit et mettre à notre disposition plusieurs croquis intéressants; ses précieux conseils ont contribué, dans une large mesure, à faciliter notre tâche.

TABLE DES MATIÈRES

Les organes.

Installation générale du commutateur multiple.

Études des circuits.

Modifications apportées au service des lignes interurbaines, des lignes suburbaines et des lignes de cabines, depuis leur installation.

PARIS. — L. DE SOYE ET FILS, IMPRIMEURS, 18, RUE DES FOSSÉS-SAINT-JACQUES.